青少年理财教育系列读本
QINGSHAONIAN LICAI JIAOYU XILIE DUBEN LICAI TONGSHI

理财通识

《理财教育读本》编委会 编著

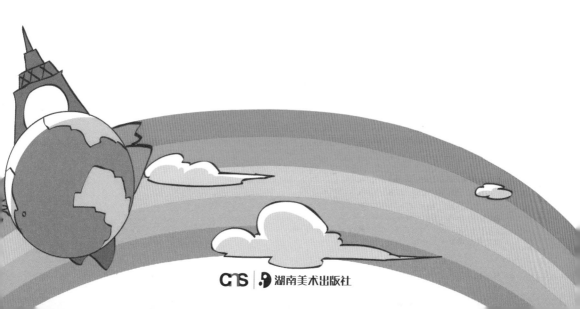

CnS | 湖南美术出版社

图书在版编目（CIP）数据

青少年理财教育系列读本. 理财通识 / 《理财教育读本》编委会
编著. —长沙：湖南美术出版社, 2017.6
　　ISBN 978-7-5356-7760-0

　　Ⅰ. ①青… Ⅱ. ①理… Ⅲ. ①财务管理–青少年读物 Ⅳ.
①TS976.15–49

中国版本图书馆CIP数据核字(2016)第159702号

青少年理财教育系列读本

理财通识

出 版 人：李小山
策　 划：田方斌　张抱朴　屈　众
主　 编：张水英　田方斌
编　 著：《理财教育读本》编委会
编写人员：张水英　杨　进　曹松林
责任编辑：张抱朴　任　苗
插画绘制：青竹插画工作室
责任校对：王玉蓉
封面设计：吕笔锐
版式制作：周果元
出版发行：湖南美术出版社
　　　　　（长沙市东二环一段622号）
经　 销：湖南省新华书店
制　 版：长沙市精美彩色印刷有限公司
印　 刷：长沙超峰印刷有限公司
　　　　　（宁乡县金洲新区泉洲北路100号）
开　 本：710 × 1000　1/16
印　 张：5.5
版　 次：2017年6月第1版
印　 次：2017年8月第1次印刷
书　 号：ISBN 978-7-5356-7760-0
定　 价：16.00元

出版导语

　　随着社会经济的健康发展和"互联网＋"融合发展时代的到来，理财教育纳入国民教育体系开始成为国际社会国民教育的重要趋势。其中，对中小学生进行恰当的理财教育成为许多国家国民教育关注的重点。在美国，鼓励孩子打工是家庭和学校教育孩子学会理财的重要方式，每年大约有300万中小学生通过打工挣钱理财；在美国教育管理部门的资助下，全国有34个州的3000所中小学参加专门的"为美国而储蓄"计划。近年来，英国政府颁布了一系列教学改革计划，从2011年秋季开始，理财教育成为中小学学生的必修课。在我国，上海市和广州部分学校先试先行，编写了中小学理财教育读本，理财教育开始进入学校和课堂。

　　在借鉴和吸收国外理财教育的基本理念的基础上，在学习和参考国内一些省市理财教材、读本编写基本经验的基础上，我们邀请了相关领域的专家学者编写了本套"青少年理财教育"读本。根据中小学学生的心智特点、知识储备、生活体验、学习能力以及理财需求，本系列读本分为小学、初中和高中三个读本；在内容的安排上，知识有梯度，前后有衔接，每册有重点。中小学生通过对读本的学习，有助于他们从小树立起正确的劳动观、消费观、诚信观、财富观，建立起勤俭节约、劳动致富、创业兴业的基本理念，形成初步的理财能力与良好的理财习惯。

　　读本由知识传导及案例解读、亲身体验三个逻辑板块构成，分为知识主干及"延伸阅读""知识链接""智慧锦囊""小试身手""大家来讨论"六个模块，融知识性、趣味性、体验感为一体，有识、有味、有趣、有用。本套读本尤其注重与中国传统文化的结合，自然而巧妙地将中国优

秀传统文化和智慧渗透其中，其形式主要有名言谚语、民间小故事、寓言等，契合了社会主义核心价值观的要求；同时，读本也融入了"互联网+"的相关内容，根据不同学段注入相关内容，特别是在高中读本中注入了"互联网+金融"与创新创业的内容，契合时代发展的需要。理财的基础在家庭，读本设计了一些家庭理财的内容，需要家长来辅导、配合和互动。因此，本套读本既可以作为学校理财教育的读本，也是一本家庭亲子共读的教育读物。

"历览前贤国与家，成由勤俭破由奢。"我们有理由相信，这套读本的出版，会为中小学学生确立正确的劳动观、消费观、财富观以及形成良好的理财技能提供正能量，并伴随他们一生勤劳致富、创新致富。

本册读本适合初中生使用。

第 **4** 章

保险与理财

第 **5** 章

理财好帮手

第 **1** 章

理财概述

理财，简单来说就是将资金做出科学、合理的安排，以达到使财富保值和增值的目的。

理财可以从"开源"和"节流"两个方面进行。一方面要会"赚钱"，如通过投资使财富不断增加；另一方面还要会"花钱"，即合理地安排支出，减少浪费。

想要获得理财的成功，在理财实践之前，首先要树立正确的价值观。同时，还需要在多个方面做好充分的准备。

一、理财价值观

1 正确的财富观

财富观是指人们对财富的认识与看法。一个人的财富观在一定程度上决定着这个人的生活态度和生活质量。我们每一个人都应该树立正确的财富观，让财富为我们带来幸福、美好的生活。

● 正确看待财富

财富是什么呢？有人说，金钱是财富；有人说，知识是财富；还有人说，健康是财富，朋友是财富……其实，这些都是财富。财富指的是具有价值的东西，包括自然财富、物质财富、精神财富等。

我们每一个人都应该学会正确认识财富，正确对待财富，力争做金钱的主人，绝不做金钱的奴隶！

钱，可以买到房子，却买不到家；

钱，可以买到大床，却买不到睡眠；

钱，可以买到钟表，却买不到时间；

钱，可以买到书本，却买不到知识；

钱，可以买到药物，却买不到生命；

…………

钱，可以带来幸福，但有了钱，并不一定幸福。

渔夫与富翁

在一个风和日丽的下午，一个富翁在海边散步，看到一个渔夫悠闲地躺在沙滩上晒太阳，便走过去与他交谈。

富翁："天气这么好，为什么不去多打点鱼呢？"

渔夫："已经打了，打多了吃不完。"

富翁："吃不完，可以卖钱呀，然后买一艘大船，这样可以打更多的鱼，赚更多的钱。"

渔夫："然后呢？"

富翁："有了很多的钱，你就可以买一栋漂亮的大房子，然后什么也不用做，每天晒晒太阳就可以了。"

渔夫平静地说："我现在不是已经在晒太阳了吗？"

富翁："……"

● 财富应当自己去创造

有人用父母创造的财富享受生活，有人用自己双手创造的财富享受生活。哪一种会让人感到更幸福呢？

媒体上曾经有过这样一则报道：一个北京的"房娃"学生小虎闹辍学。这个学生拒绝上学的理由是：家里有14套房子，只收房租就够吃三辈子，为啥要上学？

拥有了足够的物质财富就不需要文化知识了吗？有了财富就不需要上进心了吗？显然，这是极端错误的！

韩国作家朴铁在其著作《决定孩子一生的理财教育》中，讲述了这样一件事情：一个三四岁的小孩在妈妈和哥哥的陪同下，认真地捡拾垃圾。小孩把装满垃圾的篮子交给速食店经理能够得到一个汉堡。让小孩捡拾垃圾换取汉堡，是因为家里没有钱吗？当然不是！家长只是要告诉小孩：财富应当自己去创造，不要过于依赖他人；用自己创造的财富换取自己所需要的东西，会感觉更加幸福。

● **财富应当被合理地使用**

财富被合理地使用才能发挥它应有的价值。不管你拥有多少财富，哪怕是拥有了一辈子也花不完的财富，也不应该挥霍无度。节约是中华民族优良的文化传统。

延伸阅读

亿万富豪的财富观

沃伦·巴菲特，1930年出生于美国，是世界著名的投资家，拥有数百亿的财富，但他承诺会把至少99%的个人财富捐献给慈善事业。他说："拥有某些东西确实能让生活更有滋味，但拥有过多就会成为一种负担。很多时候，拥有越多的财富，越会沦为财富的奴隶。"

巴菲特说："亿万财富不会给人能力和成长，反而会消磨你的激情和理想。只有乐观、自信、勇敢、勤于思考的性格才能收获快乐而丰富的人生。"巴菲特生活简朴，他的住宅和办公室都非常普通，他经常去普通的快餐店吃简餐，甚至会为十几元的停车费"斤斤计较"。

因为爱孩子，父母总是想给孩子创造最好的物质生活条件。有些父母自己省吃俭用，给孩子花钱却大手大脚。给孩子买名牌衣服、手机，甚至是车子、房子，他们认为自己再怎么苦，也不能苦孩子。作为孩子的我们，是不是也应该为父母多做考虑，学会节约以减轻他们的负担呢？

良好的诚信观

● **诚信是一种美德**

"诚"就是诚实，真诚；"信"就是守信；诚信就是诚实无欺，恪守信用。不论哪个时代，哪个国家，诚信的人都是被社会所称赞的。

诚信是人类社会千百年来传承下来的美德，是每个公民应当恪守的基本道德规范，是社会主义核心价值观的重要组成部分。

"人无信不立。"没有诚信，人就难以在社会上立足。因此，我们必须树立诚信意识，做诚实人，办踏实事，做一个诚实守信的合格公民。

延伸阅读

商鞅立木取信

商鞅任秦孝公之相，欲立新法。为了取信于民，商鞅立三丈之木于国都市南门，并贴出告示："能把此木搬到北门的，赏十金。"百姓对这种做法感到奇怪，没有敢搬这块木头的。于是，商鞅又布告国人："能搬者赏五十金。"有个胆大的人终于扛走了这块木头，商

鞅马上就赏给他五十金，以表明诚信不欺。商鞅的这一举措赢得了老百姓的信赖，从而使新法顺利地推行实施。

● **诚信是做人之本**

讲诚信是中华民族的传统美德。作为华夏子孙，我们应当继承和弘扬这一美德。诚信是做人之本，不讲诚信的人，无论做什么事情，都不会有人相信他，更不愿意与他合作，这样的人是很难在社会上立足的。

延伸阅读

子贡问政

子贡问孔子怎样治理政事。孔子说："备足粮食，充实军备，老百姓对政府信任。"子贡说："如果迫不得已要去掉一项，在这三项之中先去掉哪一项呢？"孔子说："去掉军备，毕竟饭还是要吃的。"子贡又问："如果迫不得已还要去掉一项，在这两项之中又去掉哪一项呢？"孔子回答说："去掉粮食。因为自古以来谁也免不了一死，没有粮食不过是饿死罢了，但一个国家、一个政府不能得到老百姓的信任就要垮掉。"

● **诚信是创造财富的基石**

诚信不仅是一种品质，更是一种资源，它是创造财富的基石。

我国劳动人民在长期的社会实践中，留下了不少诸如"曾子杀猪，言而有信""一言既出，驷马难追""千金一诺"之类的美谈佳话。社会上也不乏"货真价实""童叟无欺"和"买卖不成仁义在"的诚信商人。漫漫丝绸路，阵阵驼铃声，正是那些以诚信为本的经营者，开启和打通了丝绸之路，振兴了汉唐盛世，推动了人类社会的进步。

在当今社会，无论对企业还是个人来说，诚信都是财富之源。企业不诚信，会失去市场，失去贷款等融资机会；个人不诚信，会失去朋友，向银行申请贷款时也会被拒之门外。

众所周知的淘宝网自2003年创建以来，以迅猛的速度抢占了中国电子商务零售市场的龙头地位。然而，经营商刷信用、卖假货等诚信问题的暴露，使淘宝网的发展进入了瓶颈时期。

延伸阅读

放弃诚信就是自取灭亡

江苏省南京市的百年老字号"冠生园食品厂"，曾是食品生产行业中的"龙头老大"。改革开放后，南京"冠生园"产品的销售量更是一路走好，月饼、奶糖供不应求，职工收入也节节攀升。然而，2001年"冠生园"企业因使用陈年馅料、霉料制作月饼的劣迹被新闻媒体曝光，此后，这家百年老字号企业的经营每况愈下，逐渐走向倒闭。

在欧美等国家，个人的"信用记录"等同于一个人的另外一张"身份证"，没有这个"信用记录"，出门在外便会举步维艰。美国的个人信用体系比较完善，当个人需要买房、买车或者需要贷款时，公司会先查阅个人的信用记录，以决定是否贷款给他；在找工作时，有些公司也会查阅求职者过去的信用记录，以此作为考核录用的一项指标。良好的信用记录可以使人得到很多优惠服务，比如可以享有免费机票和住宿，购物时可要求延长购物保证期，还可以获赠旅游意外保险、租车保险等。

在我国，随着征信体系的不断完善，信用记录将会变得越来越重要，不讲诚信的人也将会遇到越来越多的麻烦……

大家来讨论

你的身边有没有因不讲诚信而自食其果的事情呢？如果是你，你会怎么做？

科学的理财观

当今社会，理财已成为人们经济生活的重要组成部分。人们都希望通过理财来实现财富增值，从而提高自身物质生活的品质。于是，街头巷尾经常可以听到有人在热议投资理财。然而，理财不能盲目跟风，必须遵循一定的科学规律才行。在理财实践之前树立科学的理财观至关重要。

● 理财可以从小钱开始

说起理财，很多人觉得与自己无关，他们认为理财是富人的事情，自己的钱都不够花，哪还有闲钱来理财？其实，这种观念是错误的。首先，钱不是花了以后再存，否则可能永远都没有钱存。我们应该首先确定存钱目标，然后根据剩余的钱制订消费计划。其次，理财不是富豪的特权，而是每个人都享有的权利；理财不是因为钱花不完，而是为了赚取更多的钱。只要有心，理财人人皆可为。理财可以从小钱开始，投资基金只需几百上千元即可，投资股票最低只需购买一百股，所花资金最少的仅需几百元而已。"股神"巴菲特不也是从不起眼的小额投资起步的吗？

延伸阅读

"股神"巴菲特

巴菲特6岁时，就开始靠卖可口可乐赚钱，这是他人生的"第一桶金"。8岁时，巴菲特看了一本《证券分析》后问父亲："股票是不是也可以通过低买高卖来赚钱啊？"父亲肯定了他的想法，并鼓励他去赚钱，巴菲特兴奋极了。11岁时，巴菲特用自己积攒的钱以38美元的价格购买了一只石油股票。高中毕业时，巴菲特已经积累了9800美元的"巨款"。26岁时他开设了一家投资股票的公司，31岁时，其资金就增长到了2600万美元。如今的巴菲特是世界屈指可数的大富豪，个人资产已有数百亿美元。

● 先看风险再看收益

投资理财首先要客观地评估投资的风险，看自己能否承受这样的投资风险，然后再评估收益。在权衡收益和风险后再做出是否投资的决定。

有些人总是喜欢盲目地追求高收益。殊不知，投资领域的高收益总是与高风险

相伴相随的，收益越高的，其风险一般也就越大。盲目追求高收益，结果连本都收不回的事情屡屡见诸报端。因此，投资切忌盲目追求高收益，以免风险过大。

● **不把全部的鸡蛋放在一个篮子里**

在投资理财过程中，有时候会获得意想不到的惊人收益，有时候也可能会连本都亏掉。所以，投资一定要遵循一个原则：不把全部的鸡蛋放在一个篮子里。也就是说不要把所有的资金投资在一个地方。如不能把全部的资金都投资于房地产或股票，即使投资股票也不要把全部资金投资在一只股票上，而要分散投资于不同的股票上，将低风险低收益的类型与高风险高收益的类型进行组合投资。这样，即使一个地方亏钱了，也有另一个地方能赚钱，综合下来也不至于有太大的亏损。

● **时刻关注资金的流动性**

资金的流动性是指非现金资产能够以合理的价格顺利变成现金的能力，能够方便地卖出换成现金的资产就是流动性强的资产。投资时，一定要注意保持资金一定的流动性。不过，流动性强的投资获利能力一般相对较低。整体投资中，流动性强的投资过多，会影响投资收益；流动性弱的投资过多，又会影响资金的顺利流转，甚至会引发危机。因此，流动性强的和流动性弱的投资要合理搭配。

智慧锦囊

穷则变，变则通，通则久。

——《周易·系辞下》

买房后的窘迫

2005年，陈先生买了他的第一套住房。之后不久，他的房子价格大涨。于是他在2010年和2014年又按揭买了两套房子。两套房子每月按揭还贷需要6000多元，这使得他的经济突然变得非常紧张。屋漏偏逢连夜雨，2015年底，因工作失误他被公司解聘了。妻子每月3000多元的收入都不够家庭必要的支出，就更别说还房子的按揭贷款了。无奈之下，他只能再去借贷……

债务的压力越来越大，他感觉喘不过气来，于是他想卖出一套房子来缓解压力。可是，买房容易卖房难呀——总是找不到合适的买主。此时他才恍然大悟：投资一定要留有余地，要谨慎考虑资金的流动性。

为了保持一定的资金流动性，究竟该如何安排家庭支出的比例呢？一般来说，可依据"1234定律"来分配：10%用于保险，20%存入银行，30%用于家庭生活开支，40%用于房地产和其他投资。

小试身手 请将下列说法中对的画"√"，错的画"×"。

① 我们应该将资金集中投资在一个地方。（　　　）

② 理财一定要等积累了很多钱才开始。（　　　）

③ 选择投资对象时，并不是说收益越高的项目就越好。（　　　）

● **理财需要高瞻远瞩**

投资理财时一定要目光长远，站得高，看得远，才能获得更高的收益。

延伸阅读

小西瓜，大收获

一个小朋友拿着三毛钱，对西瓜地里的瓜农说要买西瓜，瓜农很惊讶。

"三毛钱怎么买西瓜呢？三毛钱只能买一个很小很小的西瓜。"他指了指西瓜藤上那个鸡蛋大小的西瓜说。

"那好吧，我就买这个小西瓜，伯伯你可要说话算数。"小朋友把钱放到瓜农手里，高兴地离开了。瓜农哭笑不得。

采摘西瓜的季节到了，小朋友来到西瓜地里要带走他"预订"的西瓜。瓜农没办法，只好让他抱走那个他用三毛钱预订的现在已经成熟的大西瓜。

《小西瓜，大收获》虽然只是个故事，但是道理很清楚：投资目光要长远，不能只看当前；投资并非一定要选择大项目，看准了，像"小西瓜"这样的项目也能有大收获。

● **理财贵在长期坚持**

理财不是赌博，不能幻想一夜暴富。理财是长跑运动，有耐力才能获得最后的成功。我们不妨来算几个数字。

每年投资1万元，年收益率10%，20年将收获本利：57.275万元。

每年投资1万元，年收益率10%，40年将收获本利：442.59万元。

每年投资1万元，年收益率20%，20年将收获本利：186.69万元。

每年投资1万元，年收益率20%，40年将收获本利：7343.2万元。

每年投资1万元并不是很难的事，难的是能不能长期坚持。上述计算结果，有力地证明了一点：理财贵在长期坚持。

 # 二、理财的准备

做任何事情都要首先做好充分的准备，准备越充分，事情成功的概率就越高。那么，投资理财需要做好什么准备呢？

 ## 心理的准备

在理财的道路上，有人欢喜有人忧。有的人理财，让自己的财富"越理越多"；有的人理财，把自己的财富"越理越少"。理财不是"包赚不赔的买卖"。特别是股票、期货这类投资风险很大的项目，一次投资失败，就有可能会亏掉很多年的积蓄。准备做理财的人，对理财的风险必须做好充分的心理准备，可以问问自己："如果出现最坏的结果，我能承受吗？"

做投资理财的人必须要有良好的心理素质，心理素质不好，容易在关键时候做出不恰当的决策。如股票下跌时，悲观绝望，赶紧卖出以避免更大的损失；股票上涨时又生怕自己错失机会，赶紧追进。如此"追涨杀跌"的结局是"卖了就涨，买了就跌"，必然亏损。

 ## 知识的准备

投资理财是一门复杂的学问，需要掌握很多相关学科知识，如经济学、金融学、证券投资学、会计学、财务管理学、财务分析学以及保险学等。掌握了经济学知识，投资

者能更加准确地分析和预测出经济环境的变化，以及它对投资的影响。掌握了会计学、财务管理学和财务分析学的知识，投资者能更好地判断投资理财产品的价值……

 习惯的准备

"习惯决定性格，性格决定命运。"就理财来说，坏习惯会毁掉财富，而好习惯则会成就财富。理财首先要养成良好的习惯。

● 节约的习惯

节约是中华民族的传统美德。减少不必要的支出，就是留住了财富。所以，理财要从节约开始。

俗话说"富不过三代"，"一代创业，二代守业，三代败业"的事例屡见不鲜。而"败业"的根源就是"奢侈浪费"。因此，很多富豪都非常节约，已辞世的香港华懋集团主席龚如心女士，身家估计高达400亿港元。然而，她生活非常节约，用普通的车，吃普通的饭菜，在餐馆用餐经常把吃剩的饭菜打包回家。像龚如心这样节俭的富豪还有很多，如李嘉诚、巴菲特、洛克菲勒等都是节俭的楷模。

富豪们尚且如此，我们普通人是不是更应该节约呢？省了钱不就相当于赚了钱吗？每天省一点，日积月累，积少成多，就可以省下一大笔钱。

● 计划储蓄与消费的习惯

很多人是先消费，然后再将剩余的钱用于储蓄。采取这种模式的，最后基本就是没钱可储蓄了。正确的做法应该是先计划好储蓄金额，然后将剩余的钱用于消费。

● 记账的习惯

养成记账的习惯，把自己家庭或个人的收入、支出等用书面的形式记录下来，能很清楚地知道自己的钱是怎么来的，又是怎么花掉的。检查、分析过去的账本，还能发现花了哪些不该花的钱，以后应该从哪些方面节约，以缩减开支。

● 关注时事新闻的习惯

理财要不断关注时事新闻，关注国家经济状况和经济政策的动态变化。如果要投资房地产，就要了解国家关于房地产的政策变化，是要"调控"，还是要"救市"。如果是"调控"，就意味着房价将会下跌；如果是"救市"，就意味着房价将会上涨。

 ## 资金的准备

做投资理财需要一定的起步资金，如基金投资最低只需几百元，股票投资的起点是100股。不过，股票的价格有高有低，股票投资最低需要多少资金与股票的价格有关。如购买5元一股的股票，最低只需要500元钱；购买100元一股的股票，则最低需要1万元。以上这些只是最低要求的资金，真正的投资理财是积累了一定量的资金后才开始的。毕竟，理财的本钱少，盈利就低，还要花费那么多时间，很不划算。

 ## 经验的准备

投资理财是项技术活，不仅需要丰富的理论知识，还需要丰富的实战经验。很多投资理财的高手都是花费了高昂的"学费"，经历了长久的实战才练成的。为了稳扎稳打，在投资理财初期，最好只拿少许的资金"试水"，等到积累了一定的经验后，再逐渐增加投资的金额。

第 **2** 章

货币与银行

我们经常与货币打交道，不同的国家使用着不同的货币。你会使用外币吗？你知道物价变动隐藏着怎样的货币学问吗？

投资理财要与银行打交道，我们国家有各种各样的银行，它们的功能各不相同。银行里有各种各样的银行卡，我们每一个人都应当了解并会使用这些银行卡，还应当学会储蓄理财。有机会的话，走进银行了解了解吧。

 一、货币的学问

1 货币的产生与演变

在原始社会，最先是没有货币的，人们只是偶尔以物换物。随着商品交换越来越频繁，问题出现了：有猎物的想换布匹，有布匹的却想换茶叶，有茶叶的想换大米……

大量的交换需要一种衡量价值的"中介"来帮助实现：首先将富余的商品换成一种衡量价值的"中介商品"，再将这种"中介商品"换成自己想要的商品。最初，用来衡量价值的"中介商品"并不固定，如粮食、绵羊、布等都曾充当过交换中介。后来，这种交换中介逐渐固定在一种商品（如金银）上。这种用来衡量价值的中介商品，我们称为一般等价物。货币就是从商品中分离出来的固定地充当一般等价物的商品。

时代的发展促使货币的形式不断发生变化。历史上曾经充当过货币的一般等价物有贝币、刀币、蚁鼻钱、环钱、交子……

现代的货币一般是纸币和硬币。

现代的纸币和硬币与古代的金属货币相比轻便了很多，可是大额付款时，携带大量的现金还是很不方便，同时也很不安全。

为了使付款更加安全、方便，无形的电子货币应运而生。电子货币是指以电子数据的形式存储，并通过计算机网络实现流通和支付功能的货币。电子货币最常见的载体就是银行卡，大额的支付结算带一张小小的银行卡就可以了。

 货币的职能

货币的职能是指货币在人们的经济生活中所起的作用。货币有五种职能：

● 流通手段

货币可以充当商品交换的媒介，能使商品交易变得更加简单、轻松。货币执行流通手段职能时必须是现实的货币。如买一件衣服需要200元，必须是实实在在地支付200元现实的货币。

● 价值尺度

货币可以用来衡量商品和劳务的价值。商品的价值表现在货币上，就是商品的价格。货币执行价值尺度职能时，并不需要现实的货币。如苹果标价4元钱一斤，并不需要拿出4元的真实货币贴在苹果旁边来表示它的价格。

3元一斤	25元一小时	6000元一平方米

● 贮藏手段

货币可以作为财富的一般代表被储存起来，执行贮藏手段职能的货币应当是足值的金属货币，如足值的金银铸币和金银条块。纸币不具备贮藏手段的职能。

我有100万的财富！

● **支付手段**

货币可以用来偿还债务、支付工资、缴纳税金。货币执行支付手段职能时，没有商品转移，执行流通手段职能时会发生商品的转移。

纸币为什么不能执行货币的贮藏职能呢？

延伸阅读

一万元的货币还清了几万元的负债？

一个炎热的中午，太阳高照，一个小镇上，许多人烦躁不安。这也许是因为炎炎烈日，也许是因为长期依靠负债维生的他们找不到生活的安全感。这时，从外地来了一个有钱的旅客，他进了一家餐馆，拿出一沓一万元的百元大钞放在柜台上，说要预订10桌晚餐。餐馆老板A收到钱后马上还清了所欠肉店老板B的一万元负债。收到钱的肉店老板B马上还清了所欠猪农C的一万元负债，猪农C拿了钱马上又付清了所欠的一万元饲料款，饲料老板D又把这一万元钱还给了餐馆老板A。

晚餐前，订餐的旅客说不想在这里吃晚饭了，于是餐馆的老板A把一万元的订金退给了他。一万元转了一大圈后又物归原主，似乎谁也没得到什么，可是很多人的债务都因此而还清了。

● **世界货币**

货币可以在世界市场上发挥作用，如用于购买、还债等，但并非所有的货币都可以充当世界货币。历史上有很长一段时间，只有贵金属金银充当世界货币。后来美元、欧元、日元、英镑等经济实力较强的货币也开始充当世界货币。

智慧锦囊

正其谊不谋其利，明其道不计其功。

——董仲舒

17

3　世界主要的流通货币

人民币是我们国家的法定流通货币。使用人民币时，我们经常会看到"CNY""RMB""￥"等符号。你知道它们分别代表什么吗？

"CNY"是人民币的英文简写，是国际上使用的标准人民币符号。

"RMB"是人民币的拼音缩写，是国内使用较多的人民币符号。

用阿拉伯数字填写人民币的金额时，通常要在金额数字前面加一个"￥"符号，表示"元"。

> ● 知识链接 ●
>
> 　　1948年12月1日，我国开始发行人民币，人民币以"元"为单位，"元"的汉语拼音为"Yuan"，取"元"的拼音的第一个字母"Y"，再添加两横，就是"￥"。用阿拉伯数字填写人民币的金额时，在金额数字前面加一个"￥"符号，既可以防止别人在金额数字前再加数字来改写金额，又可以表示人民币的单位"元"。因此，在金额数字前加了"￥"符号时，金额后就不需要再加写"元"字了。

世界上有着形形色色的货币，每个国家都有自己的流通货币。下面，一起来了解几种世界上主要的流通货币吧！

● 美国的美元（货币符号：USD）

19世纪末，美国成为世界上最强大国家，美元的地位也日益突出。第二次世界大战（简称"二战"）以后，逐渐形成了以美元为中心的国际货币体系。现在，美元是国际支付中使用最多的货币。

● 欧盟的欧元（货币符号：EUR）

欧元是一种特殊的货币，它不是一个国家的法定流通货币，而是多个国家的法定流通货币。1999年1月1日，欧盟11个国家开始正式使用欧元。随着时间的推移，欧元区范围不断扩大。后来加入欧元区的有希腊 、斯洛文尼亚、塞浦路斯、斯洛伐克、爱沙尼亚、立陶宛……

● **日本的日元（货币符号：JPY）**

日元是日本的法定货币，其纸币称为日本银行券。由于日本是二战后经济发展最快的国家之一，日元也成为战后升值最快的货币之一。随着日本经济的发展，日元在国际上的地位变得越来越重要，常在美元和欧元之后被当作储备货币。

● **英国的英镑（货币符号：GBP）**

英镑所有纸币和硬币正面都印有英国君主像。英镑也是英国的货币单位名称。1英镑等于100新便士。

下面这些货币，同学们也来认识一下吧！

瑞士 法郎（货币符号：CHF）

澳大利亚 澳元（货币符号：AUD）

加拿大 加元（货币符号：CAD）

中国香港 港币（货币符号：HKD）

凯凯去国外旅游后，带回了一些外币，他让同学们猜猜是哪些国家的货币。同学们兴奋极了，激烈地争论着……

你知道它们是哪些国家或地区的货币吗？你是怎么辨认的呢？

外币兑换

外币是指本国货币以外的其他国家或地区的货币。

我们在出国旅游、留学、工作前，都需要兑换一些外币。那么，怎样兑换外币呢？

● 哪里可以兑换外币

兑换外币，有的人找私人兑换，有的人到银行兑换，到银行兑换相对正规、可靠。中国银行、中国建设银行、中国工商银行、中国农业银行、交通银行、招商银行等都可以兑换外币，其中，中国银行能够兑换的币种相对较多。

知识链接

"售汇"与"结汇"

用人民币到银行兑换外币，即银行把外币卖给客户，称为"售汇"。用外币到银行兑换人民币，即银行用人民币买回客户的外币，称为"结汇"。在旅行中，为了结算方便，我们也可以使用具有换汇功能的银行卡，常见的有VISA卡和万事达卡，刷卡结算的时候就直接兑换了。

● 外币兑换汇率

如果你出国的花费大致是5万美元，需要准备多少人民币去兑换呢？要知道这个问题的答案，首先就要学习汇率知识。

汇率是指一个国家的货币兑换其他国家的货币的比率，如100元港币相当于80多元人民币。汇率就像商品的价格一样，每天都在不断地变化。

下面一起来了解2015年1月1日、2015年6月30日和2016年3月30日的汇率吧!

2015年1月1日	2015年6月30日	2016年3月30日
1美元≈6.12元人民币	1美元≈6.21元人民币	1美元≈6.50元人民币
1英镑≈9.54元人民币	1英镑≈9.76元人民币	1英镑≈9.39元人民币
1欧元≈7.46元人民币	1欧元≈6.94元人民币	1欧元≈7.36元人民币
1日元≈0.05元人民币	1日元≈0.05元人民币	1日元≈0.06元人民币
1港币≈0.79元人民币	1港币≈0.80元人民币	1港币≈0.84元人民币

如果在2015年1月1日兑换5万美元,需要人民币:

50000×6.12=306000(元)

如果在2015年6月30日兑换5万美元,需要人民币:

50000×6.21=310500(元)

如果在2016年3月30日兑换5万美元,需要人民币:

50000×6.50=325000(元)

根据2015年1月1日的汇率,你认为100美元和10000日元相比,哪个的价值更高呢?

● 外币升值

一定量的外币兑换的人民币更多了或者说1元人民币兑换的某种外币更少了,则表明人民币相对这种外币贬值了,也即外币升值了。

● 外币贬值

一定量的外币兑换的人民币更少了或者说1元人民币兑换的某种外币更多了,则表明人民币相对这种外币升值了,也即外币贬值了。

通货膨胀与货币贬值

● 什么是通货膨胀

　　如果很多商品都在不断地持续涨价，我们就说这是发生了"通货膨胀"。反过来，如果只是少数的商品发生了涨价，或者只是暂时的涨价，则不能说是发生了通货膨胀。通货膨胀的主要表现是"物价持续、普遍上涨"。

知识链接

　　通货膨胀的反义词是"通货紧缩"，它是指国家纸币的发行量小于流通中所需要的货币量，引起物价持续、普遍下跌的现象。长期的通货紧缩会导致经济衰退，而经济的发展通常都伴随着一定的通货膨胀。

延伸阅读

经济生活中的通货膨胀

第一次世界大战时，德国发生了惊人的通货膨胀。一份报纸1921年1月份的价格是0.3马克，两年后售价将近7000万马克。更为经典的真实故事是：一位先生走进咖啡馆，花8000马克买了一杯咖啡，当他喝完这杯咖啡时，发现同样的一杯咖啡已经涨价为10000马克了。

● 通货膨胀如何引起货币贬值

通货膨胀为什么会导致货币贬值呢？简单来说，假如纸币的发行总额是100元，市场上的总物质就是100个鸡蛋，那么每个鸡蛋就是1元钱。第二年，如果纸币再发行100元，即纸币总额有200元，而市场上还是100个鸡蛋，那么鸡蛋就会变成2元钱一个。原本2元钱可以购买两个鸡蛋，到了第二年，2元钱就只能购买一个鸡蛋了。可见，纸币发行量过多会造成通货膨胀，通货膨胀的发生，会导致钱不值钱，即货币贬值。

通货膨胀是社会经济发展中的一种常见现象。随着通货膨胀的发生，我们口袋里的钱会变得越来越不值钱。所以，我们要学会理财，使我们口袋里的钱不断地增值，从而抵御通货膨胀带来的不利影响。

智慧锦囊

衣食当须纪，力耕不吾欺。
——陶渊明

 二、银行与银行卡

 各种各样的银行

　　我们国家有各种各样的银行，有中央银行、政策性银行和商业银行，你有注意、观察、了解过各个银行的不同吗?

　　● **中央银行**

　　我国的中央银行就是中国人民银行，它是一个与一般银行不同的特殊银行。

　　① **中央银行是发行货币的银行**

　　中央银行是国家唯一的货币发行机构。

　　② **中央银行是银行的银行**

　　中央银行是商业银行存款准备金的保管者，也是银行的最后贷款人。

> **知识链接**
>
> 　　根据我国法律的规定，各商业银行必须按一定的比例将吸收的存款存入中央银行，这一部分存款是一个风险准备金，是不能够用于发放贷款的。商业银行存入中央银行的存款准备金占其吸收存款总额的比例就是存款准备金率。

　　③ **中央银行是政府的银行**

　　中央银行不仅为政府提供金融服务，同时也是政府管理国家金融的工具，具有维护国家金融稳定的职责。

　　● **政策性银行**

　　政策性银行不以营利为目的，专门为贯彻、配合政府的经济政策，从事政策性贷款活动，以促进社会经济的发展。我国有三大政策性银行:

国家开发银行：主要为国家大型重点项目提供专项贷款。

 国家开发银行
CHINA DEVELOPMENT BANK

中国进出口银行：主要为大型成套设备进出口提供贷款。

 中国进出口银行
THE EXPORT-IMPORT BANK OF CHINA

中国农业发展银行：主要为国家粮油储备、农副产品合同收购和农业基本建设发放专项贷款。

中国农业发展银行
AGRICULTURAL DEVELOPMENT BANK OF CHINA

● **商业银行**

　　商业银行是普通老百姓接触得最多的银行，存款、取款，可能经常要跟这些银行打交道。在办理业务的过程中如果遇到疑难问题，我们可以拨打这些银行的总服务电话。牢记这些服务电话号码，它们能帮你很多忙呢！

 中国银行

● 中国银行
总服务电话：95566

 中国农业银行
AGRICULTURAL BANK OF CHINA

● 中国农业银行
总服务电话：95599

 中国建设银行
China Construction Bank

● 中国建设银行
总服务电话：95533

 中国工商银行
INDUSTRIAL AND COMMERCIAL BANK OF CHINA

● 中国工商银行
总服务电话：95588

　　商业银行还有很多很多，如交通银行、招商银行、民生银行、兴业银行……

银行卡面面通

● **银行卡的功能**

① **储蓄**

我们将暂时不用的钱存入银行，可以让我们的钱更加安全，并且还可以获得一些利息收入。

知识链接

银行储蓄卡和银行存折都可以用来存钱，相比较而言，储蓄卡比存折使用起来更方便，银行卡可以在自助银行的ATM机（自动存取款机）上查询余额、取款、转账等，到商场购物时，还可以用银行卡直接刷卡支付。

② **透支**

除了储蓄外，银行卡还可以用来透支——超过存款余额支用款项，透支的实质就是向银行借款。这种可以用来透支的银行卡一般是指信用卡。

对比信用卡与储蓄卡，你觉得信用卡与储蓄卡有什么不同吗？

延伸阅读

信用卡解了燃眉之急

李芸看中了一套很好的房子，特别想买，可是算来算去，手中的钱还是不够——还差5万元钱！找亲戚朋友借，好像没有合适的人可借；放弃不买，又觉得非常可惜。怎么办呢？李芸很苦恼。朋友知道后，给李芸出了一个主意——刷信用卡。于是，李芸办了一张5万元额度的信用卡，透支5万元支付了房款，然后申请了分期还款。这样，李芸买房的问题就简单地解决了。

知识链接

　　银行对信用卡透支有最高额度的规定，这个最高的透支额度也称信用额度，与个人的信用等级有关。如果银行认为客户的还款能力较强就会给予较高的信用额度，否则就会给予较低的信用额度。

　　信用卡通常都有一个免息期，最长有50多天。在免息期内还款，不需要支付利息。对于大额透支，如果当期还款有困难，还可以向银行申请分期还款，但需要承担一定的利息。

　　使用信用卡，一定要量力而行，并及时还款。否则，会给自己的信誉造成很大的损失，进而给今后的生活带来很多麻烦。

延伸阅读

"卡奴"的懊悔

周凯2008年参加工作，在朋友的介绍下他办了一张交通银行的信用卡，额度2万。卡拿到手后，他开始了肆无忌惮的奢侈生活。短短两个月，吃喝玩乐就把2万的额度全部消费光了！享受到了信用卡带来的好处，周凯又陆陆续续地办了2万额度的建设银行信用卡、5万额度的招商银行信用卡、5万额度的工商银行信用卡。有了这么多张信用卡后，他变得越来越大手大脚。慢慢地，他发现自己的信用卡卡债越来越还不上了。为了尽快还清欠款，他又抱着侥幸心理，利用这些信用卡套现炒股，想用炒股的收益把信用卡卡债还清。可是，股票也亏了很多……

"这些账怎么还呀！"他每天吃不香、睡不着，不知道该怎么办。他非常后悔，当初为什么要办那么多张信用卡。他恨自己为什么有那么强的消费欲望。如果可以重来，他说一定会好好控制自己的消费欲望，绝不做信用卡的奴隶。

智慧锦囊

勿以恶小而为之，勿以善小而不为。
——《三国志》

● 银行卡的使用

银行卡为我们的生活带来了极大的便利，现代人已经离不开银行卡。学习掌握银行卡的使用技能，会让我们的生活更便利、更轻松。

使用银行卡的第一步是开户。开户时需要向银行提交申请单，出示身份证，手续齐全后，银行就会发给开户申请人一张银行卡。银行卡一般要求设置一个密码，对自己设置的密码一定要牢记，否则办理业务会比较麻烦。

银行卡最基本的业务操作有：查询、存取款、转账以及修改密码等，这些业务我们可以在柜台上办理，也可以在ATM机上办理。有了ATM机，一天24小时，不管银行工作人员是否在场，我们都可以通过它进行银行卡的基本业务操作。

需要注意的是，ATM机上每次取款的金额是有限制的。大额的存取款一般在柜台办理会比较方便，而小额的存取款在ATM机上办理则比较方便。

到柜台办理存取款业务与到ATM机办理存取款业务的步骤有所不同。

ATM机上取款的步骤：

第一，在ATM机上插入银行卡。

第二，根据提示输入密码、输入取款金额。

第三，拿到出钞口的现钞后，进行退卡操作，取出银行卡。

ATM机上存款的步骤：

第一，在ATM机上插入银行卡。

第二，根据提示放入现钞，核对金额正确后进行确认。

第三，进行退卡操作，取出银行卡。

柜台存取款的步骤：

第一，填一个存款单或取款单。

第二，按银行工作人员的要求输入密码。

第三，在银行打印的单据上签字确认。

不管在柜台上还是在ATM机上，办理银行卡业务一定要注意安全：

第一，输入密码时要注意遮挡。

第二，银行的存取款单据，不要随意丢弃，以免被不法分子捡到后窃取信息，从而威胁到银行卡的安全。

跟家人一起到银行学学如何进行银行卡的基本业务操作吧！

● 知识链接 ●

除了在银行柜台和ATM机上可以进行银行卡的业务操作外，我们还可以在网上、手机上进行银行卡业务操作，足不出户，就可以办理银行卡的查询、转账等业务。将银行卡与微信绑定，你还可以直接用微信进行支付。

● 银行卡的安全管理

① 密码管理

为了保护银行卡里资金的安全，我们要设置一个不容易被破解的密码。一般来说，下列数字密码由于容易被破解，最好不要设为银行卡密码：

顺序数字，如"123456"。

六个相同的数字，如"111111"、"666666"、"888888"。

出生年月日，如"19850625"。如果银行卡与身份证一起遗失，生日密码很容易被破解。

手机号码。如果银行卡与手机一起遗失，手机号密码很容易被破解。

我们要好好保管自己的银行卡密码，不要让不相关的人知道，一旦发现密码被不相关的人知道，应该立即更换新的密码。

② 对银行卡遗失的防范与处理

我的钱和银行卡都在钱包里呢！怎么办呀？

银行卡遗失会给我们带来很多麻烦，我们一定要谨慎保管好自己的银行卡，尤其不要将银行卡与身份证放在一起，因为身份证与银行卡一起遗失，处理起来更麻烦，安全隐患更大。

万一银行卡遗失了怎么办呢？

银行卡遗失后，应立即拨打银行客服电话，进行电话挂失，电话挂失后，再带身份证到银行柜台办理正式挂失。

银行卡挂失后，卡里的钱就会被冻结，即使别人捡到你的卡，也无法从卡里取钱。如果银行卡确定找不回来了，可以带身份证补办新卡。如果银行卡在挂失之后又被找了回来，可以带着银行卡和身份证去银行解挂。

③ 银行卡损坏防范与处理

银行卡使用久了或者保管不当，都会被损坏，最常见的问题是"消磁"。银行卡的信息都存储在卡背面的磁条上，银行卡消磁，会造成银行卡失效。

我知道中国建设银行的总服务电话是95533，中国银行的是95566。

怎样防范银行卡消磁呢？

不要将银行卡随意扔在杂乱的包中，最好将它们放在专门的卡包里，以防止尖锐的物品磨损、刮伤银行卡磁条。

银行卡不要紧贴在一起，更不要将两张银行卡背对背放置在一起，以免磁条互相摩擦、碰撞。

不要将银行卡与磁铁、手机、电脑、电子词典、身份证等带磁物品放在一起。

尽量使银行卡远离电磁炉、微波炉、电视、冰箱等电器周围的高磁场所。

如果银行卡不慎消磁了，也不用太着急，你可以带着消了磁的银行卡和身份证到银行换新卡。

④ 对银行卡盗刷的防范与处理

随着电子商务的普及，银行卡盗刷的事件层出不穷。为了防止银行卡被他人盗刷，我们要牢记以下几点：

办理存取款或转账等业务的回单不要随意丢弃，以免给不法分子留下可乘之机。

不要将银行卡信息透漏给他人，不要在不安全的网站上留下银行卡信息。

用来储蓄和消费的银行卡要分开，控制好消费卡内的存款金额，并开通短信提醒服务。这样，即使遭遇盗刷，损失也有限，而且可以在第一时间收到信息，方便采取补救措施。

蹊跷的银行卡盗刷

2015年12月29日凌晨，正在睡梦中的李先生被手机连续的短信声吵醒。他拿起手机一看，吓了一大跳——手机连续收到了8条取款信息。李先生赶紧翻找钱包，令人不可思议的是，他的卡就在钱包里。为了核实取款的真实性，李先生赶紧查询银行卡内的余额，结果卡里面只剩下100多元了。29日一早，李先生就去报了警。经调查发现，李先生的卡是被他人复制以后在异地盗刷的。

发现银行卡被盗刷后，要立即拨打银行客服电话将卡冻结，然后带卡报案。

● 知识链接 ●

银行卡不离身却会被盗刷，很有可能是银行卡被犯罪分子复制了——犯罪分子获取了银行卡的信息后做出了一张一模一样的银行卡。

犯罪分子是怎样获取银行卡的信息的呢？他们一般是利用一些网站套取银行卡信息，包括银行卡的密码；还有的是在ATM机上安装读卡器，通过读卡器窃取银行卡的信息，并通过摄像头窥视取款人输入的银行卡密码。另外，他们通过其他途径也有可能盗取信息。因此，对银行卡我们一定要谨慎保管和使用。

⑤ 对ATM机吞卡的防范与处理

在ATM机上进行业务操作时，有可能会遇到ATM机吞卡的情况，如输入三次错误的密码一般就会被吞卡。因此，如果忘记密码，最好只尝试输入两次密码，如果两次都是错误的，不要尝试第三次。可以等到第二天再试，或者带身份证直接到柜台办理相关手续。如果遇到ATM机吞卡，不必慌张，带上身份证到银行找工作人员取卡即可。

小试身手

请判断下面的说法对不对，对的画"√"，错误的画"×"。

◆ 银行卡应该设置一个简单好记的密码，如"888888"。 ◯

◆ 银行卡的密码不能泄露给不相关的人。 ◯

◆ 银行卡最好不要与身份证放在一起。 ◯

◆ 银行卡遗失了或损坏了就等于银行卡里的钱全丢了。 ◯

◆ 银行卡遭遇盗刷时，首先是要将银行卡冻结。 ◯

◆ 被ATM机吞卡后可带身份证到银行找工作人员取出。 ◯

智慧快车

君子喻于义，小人喻于利。

——孔子

 # 三、银行储蓄理财

银行储蓄是指城乡居民将暂时不用或结余的钱存入银行的一种存款活动。利用银行储蓄理财，首先要了解银行储蓄的利息，然后选择合适的储蓄类型和期限，最后选择适合自己的银行。

 ## 了解银行储蓄的利息

如果你将钱存入银行，一段时间以后就可以获得一定的利息。为什么银行帮你保管钱还要给你利息呢？这是因为，银行吸收存款以后，就有了很多资金，这些资金银行可以贷款给企业或个人，从而收取更高的利息。这样，银行就可以赚取利息差额。

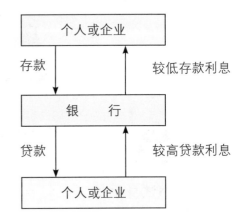

银行储蓄利息的计算

利息=本金×年利率×年数

> 李奶奶想把5万元钱存入银行，计划存5年，如果银行年利率是3%，那她一共能获得多少利息呢？
>
> 50000×3%×5=7500（元）

• 知识链接 •

一般来说，存款期限越长，年利率越高。不过，不同银行的利率会有差异。而且，利率还会随时间的变化而不断变化，因为利率是国家调节经济发展的一个重要工具。

选择银行储蓄的类型与期限

银行储蓄的类型有很多种，主要有：

● **活期储蓄**

可以随时存款随时取款，非常方便，但利息最低。

● **整存整取**

整笔存入，约定存款期限，到期后一次性取出本金和利息。整存整取的利率较高，但如果未到期要取钱，会损失很多利息。

● **定活两便**

不确定存款期限，利率随存款期限的长短而变动。存款期长，利率高；存款期短，利率低。

● **整存零取**

整笔存入，分笔取出，利率高于活期储蓄，低于整存整取。

● **零存整取**

分笔存入，约定存款期限，到期后一次性取出本金和利息。利率高于活期储蓄，低于整存整取。

安排银行储蓄时，首先要根据自己对资金存取的要求选择合理的储蓄类型，大致可以参照以下思路确定：

长期不用的钱，选择整存整取。

随时需要支取的钱，选择活期储蓄。

计划积零成整的钱，选择零存整取。

大笔存入、零碎支出的钱，选择整存零取。

不确定支取时间的钱，选择定活两便。

除了选择储蓄类型以外，还需要选择储蓄期限。一般来说，储蓄期限越长，储蓄利率越高，但使用会不方便。活期储蓄的存取最方便，但利息也是最低的。所以，选择储蓄期限时需要综合考虑利息的高低和自己对存取灵活性的要求。

选择适合的银行

不同银行的利率是不同的。为了使存款的利息尽量多一点，我们需要全面了解各个银行的利率情况，比较以后再做选择。

2015年10月20日存款利率比较表

银行名称	活期存款年利率	一年定期存款年利率	五年定期存款年利率
工商银行	0.35%	2.00%	3.05%
建设银行	0.35%	2.00%	3.05%
民生银行	0.35%	2.25%	3.35%
光大银行	0.35%	2.25%	3.25%

按照2015年10月20日的存款利率，可以计算出以上银行的利息，比较表如下：

2015年10月20日1万元存款年利息比较表

银行名称	活期存款年利息（元）	一年定期存款年利息（元）	五年定期存款年利息（元）
工商银行	35	200	305
建设银行	35	200	305
民生银行	35	225	335
光大银行	35	225	325

定期存款比活期存款的利息多好多啊！

智慧锦囊

故不积跬步，无以至千里；不积小流，无以成江海。
——荀子

第 3 章

投资理财

常言道："人不理财，财不理你。"随着经济的不断发展，越来越多的人开始重视投资理财。除了储蓄以外，股票、债券、基金等投资理财工具也陆续进入人们的生活。学习理财知识，是成功理财，实现财富增长的重要基础。

 **一、极具诱惑力的股票投资**

　　电视里、报纸上经常可以看到关于股票的报道，股票到底具有怎样的诱惑力呢？下面图片里密密麻麻的数字隐藏了哪些复杂的学问呢？

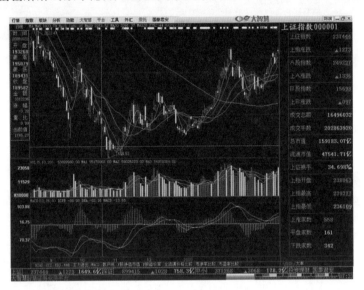

 什么是股票

　　不管成立什么公司，都需要一定的资金。为股份有限公司出资的就是这个公司的股东，也称投资者，当股东对股份有限公司出资后，公司就会给他一定数量的股票来证明他的出资。股票是股份有限公司筹集资金的工具，也是投资者投资的工具。

最初的股票是纸质的

● 知识链接 ●

　　股份有限公司有上市公司和非上市公司之分。上市公司的股票有流通股和非流通股之分。我们平常所说的"炒股"和股票投资一般指的就是上市公司的流通股票——可以在证券交易所公开挂牌交易的股票。

现在的股票一般只是一个无形的"数字"。几个股东出资成立了一个股份有限公司，就会签订一份出资协议，然后在协议中写明各个股东出资的金额和拥有股票的多少，股东一般不会得到纸质股票。

　　日常我们所说的炒股的股民，他们购买股票后，计算机交易系统中会记载他们的持股数量，他们也不会得到纸质股票。

　　投资者一旦购买某公司的股票，不得再退还给该公司，但是可以将股票转卖给其他公司或个人。

● 知识链接 ●

　　A股也称人民币普通股，它是以人民币标价，以人民币认购和交易的股票。中国大陆地区的投资者买卖的一般是A股。

　　B股也称人民币特种股票，它是以人民币标价，以外币认购和交易的股票，主要供中国香港、澳门、台湾和外国投资者购买。

 股票投资的收益

投资股票后可以从两个方面获得收益：一是获得股票红利，二是获得资本利得。

● **股票红利**

股票红利是指公司将所赚取的利润的一部分分配给股东。股票的红利通常是不固定的。一般情况下，公司赚取的利润多，发放的股票红利就相对较多，不过也不完全是这样，公司需要综合考虑多方面的因素来决定股票红利的多少。有的公司利润多，分配的红利少；有的公司利润少，分配的红利多。

知识链接

中国平安保险股份有限公司的分红方案

中国平安保险股份有限公司属于业绩较好的上市公司。2015年半年度的分红方案是"10派1.8元——每十股股票可以发放1.8元红利"。根据这个分红方案，按照当时中国平安每股大约35元的股价计算，如果投资3500元购买100股中国平安的股票，半年可以得到18元的红利。

● **资本利得**

资本利得是指股东低价买进股票，高价卖出股票所赚取的差价收益。

并不是所有股票都能高价卖出呢！

延伸阅读

股票投资的收益有多高

2014年11月，小王以每股15元左右的价格买了一万股中信证券公司的股票，总投资额约15万元。2014年12月底，这只股票的价格涨到了30多元，短短一个月的时间，股票的价格就足足翻了一倍。于是，小王将股票果断地卖出。这一买一卖，小王投资15万元一个月大约赚了16万元。小王的投资收益令很多人羡慕不已。可是，美国还有更惊人的股票投资收益呢！

一位美国老太太在二战后买了5000美元的可口可乐股票，并将股票藏于箱底。之后，她渐渐淡忘了此事。50年后，她从箱底翻出了被遗忘的可口可乐股票，并将其抛售，售价高达5000万美元。也就是说，她的股票投资增值高达一万倍！

一般的个人投资者买卖股票主要是为了获得股票的买卖差价收益。因为公司分发的红利非常有限，有的公司甚至多年都不分发红利，但买卖股票的差价收益可以达到非常可观的数字。

3 股票投资的风险

股票投资赚钱的人很多，可是亏钱的人更多。"股市有风险，入市须谨慎"，这是随处可见的股票投资警言。

我们不能只看到股票投资的高额收益，更要时刻牢记股票投资也有巨大的风险。按照现行股票交易规则，股票投资一天最多可以亏掉10%。也就是说，投资一万元，一天最多可以亏掉一千元。在股市行情不好的时候，亏损的速度是非常惊人的。

股票投资的风险有多大

2007年11月，当股市一片热火朝天时，老李以每股48元的价格买了1000股中国石油的股票，共计48000元。到了2008年年底时，这只股票跌到了10元每股，老李的股票价值从48000元，一年时间便缩水为10000元，不到最初投资额的1/4。

股票的价格有涨有跌，没有永远不跌的股票，这就意味着没有包赚不赔的股票。因此，在投资股票之前，一定要做好心理准备。同时，一定要控制好股票投资的金额，不要拿过多的钱投资股票，这样，即使亏了也不会让生活变得太糟糕。

大家来讨论

如果你有一万元钱，你会将它存入银行还是投资股票，为什么？

智慧锦囊

如果你懂得使用，金钱是一个好奴仆，如果你不懂得使用，它就变成你的主人。

 # 二、收益稳定的债券投资

有的投资者偏爱股票，有的投资者偏爱债券。股票投资的诱惑力在于高收益，那么债券投资的吸引力又在哪里呢?

 ## 什么是债券

债券可以理解为债券发行者（卖出债券的一方）向投资者（买入债券的一方）借债的一种凭证。如果你出资购买了一个企业发行的债券，那么就表示这个企业欠了你一笔钱。出资购买债券的投资者是债权人，而债券发行者是债务人。

债券的发行者需要按时给投资者支付利息，并在到期的时候偿还本金。

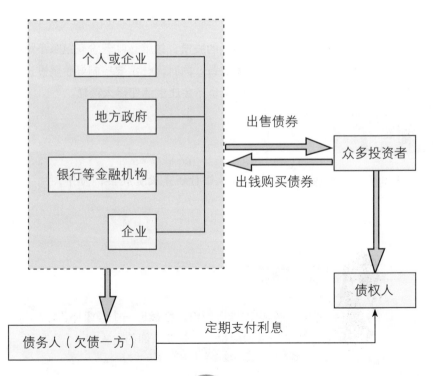

● 知识链接 ●

债券的基本要素

债券发行人：债券的发行主体即债务人。

债券的面值：债券的票面金额。

债券的票面利率：计算债券利息的利率。

债券的期限：从债券发行日至到期日之间的时间。

债券的种类

● **按照发行主体的不同，债券可以分为政府债券、金融债券和企业债券（或公司债券）**

政府债券是政府发行的债券，中央政府发行的债券也称国债。

金融债券是银行等金融机构发行的债券。

企业债券是企业发行的债券。

金融债券

国库券

企业债券

● **按照期限长短，债券可以分为长期债券、中期债券、短期债券**

长期债券是指期限在5年以上的债券。

中期债券是指期限在1年以上5年以内的债券。

短期债券是指期限在1年以内的债券。

债券投资的收益

中国人民银行发布的数据显示，2015年我国债券市场全年发行的各类债券规模达22.9万亿元，较2014年同期增长87.5%。截至2015年12月末，债券市场托管余额为47.9亿元。可见，我国债券市场的发展是非常迅速的。

为什么有那么多的人投资债券呢？投资债券的收益究竟如何？

● **投资债券可以按期收到利息**

利息收入=债券的面值×债券的票面利率

债券收益的高低主要取决于债券的票面利率。债券的票面利率一般有多高呢？看看下面的新闻了解一下吧！

> 2016年3月30日，碧桂园控股有限公司（02007.HK）公布，已于2016年3月29日完成"碧桂园控股有限公司2016年非公开发行公司债券第二期"的发行，发行金额为40亿元人民币，票面利率为每年4.55%，年期为4年。
>
> 2016年3月28日《环球外汇》短讯：中国四川政府3年期一般债券发行利率为2.53%；5年期一般债券发行利率为2.75%；7年期一般债券发行利率为3.04%；10年期一般债券发行利率为3.08%。

● **投资债券可以在到期时收到本金（金额与面值相等），或在到期前将债券转卖，获得价差收益**

如果将债券持有至到期：

债券投资的价差收益=面值−买价

如果在到期前将债券转卖出去：

债券投资的价差收益=卖价−买价

债券的面值和票面利率在债券发行的时候就已经确定，因而债券的利息收入比较稳定。此外，债券的价格波动比较小，所以，与股票相比，债券的收益更为稳定。

债券

2012年7月1日，小刘花费9万元买进了一些债券，2013年7月1日，他以9.2万元的价格将这些债券卖出。如果债券的面值是10万元，票面年利率是10%。小刘投资债券总共赚了多少钱呢？

一年的利息收入=10×10%=1（万元）

债券买卖的价差收益=9.2-9=0.2（万元）

两项收益额合计为：1+0.2=1.2（万元）

4 债券投资的风险

投资债券也会有风险吗？答案是肯定的。只是不同债券的风险大小不同而已。

债券的风险主要受发行主体信用的影响。发行主体偿付本息的能力越强，投资债券的风险就越小。一般来说，投资国债几乎没有风险；投资金融债券的风险也比较小；投资企业债券的风险主要取决于企业的信用等级，企业的信用等级越高，投资企业债券的风险越小。

> 债券的收益还不错呢，但也不能小看风险哟！

知识链接

国际上最权威的信用评级机构——标准普尔公司将债券的评级分为四等十二级，信用等级从高到低依次是：AAA、AA、A、BBB、BB、B、CCC、CC、C、DDD、DD、D。

此外，债券投资的风险还与债券期限有关。一般投资短期债券的风险比投资长期债券的风险要小。因为期限越长，未来不可预测的变化就越多，投资收益的不确定性也越大。

智慧锦囊

智者千虑，必有一失；愚者千虑，必有一得。

——《史记·淮阴侯列传》

三、专家帮助理财的基金投资

什么是基金

在一些发达国家，基金很受投资者欢迎。据有关资料统计，在日本、意大利、德国、英国，基金投资者占人口的比例分别为10％、7％、8％、5％。在美国，这个比例更高，大约有一半的美国家庭持有基金，1/3以上的美国人是各类基金的受益者。为什么基金如此受青睐呢？一起来了解一下吧！

鸡精与基金

豆豆妈一回家就大叫："我想买基金！"

豆豆和爸爸都莫名其妙地异口同声："买鸡精也要大惊小怪吗？"

豆豆妈妈兴奋地说："不是炒菜的鸡精，是用来投资理财的基金！基础的'基'，黄金的'金'。朋友推荐的！"

"妈妈，什么是基金呀？"豆豆不解地问。

"基金简单来说就是把钱交给专业的公司，由投资专家进行投资，然后等着分红利就是了！"

"你只说对了一半，专家帮助投资是没错，可是并不一定就是赚钱，也可能亏钱的！"豆豆爸爸补充说。

从专业的角度讲，基金就是基金管理公司通过发行基金证券，集合基金投资者的资金，然后由投资专家进行组合投资，基金投资者按照所拥有的份额享受收益和承担风险。对于基金投资者来说，基金投资相当于委托基金管理公司替自己投资理财。

```
                    分配收益
┌──────────────┐  ◄────────   ┌──────────────┐  专家组合投资  ┌──────────────┐
│  众多基金投资者  │             │   基金管理公司   │  ──────────►  │  股票、债券……  │
└──────────────┘  ────────►   └──────────────┘               └──────────────┘
                     资金
```

基金的起源与演变

　　基金是一种比较古老的投资方式，最早出现在18世纪的英国。当时，英国的经济模式是要在全世界进行殖民统治，掠夺殖民国家的财富。殖民公司在国内募集资金，然后到殖民地进行掠夺开发，获取高额的投资收益。这就是基金的雏形。可以说，基金诞生于不光彩的殖民统治和掠夺性投资。

　　几百年后的今天，殖民统治已被世界所抛弃，但基金这种投资模式却越来越受到人们的欢迎，并且有了全新的面貌。基金公司不再从事"殖民掠夺生意"，而是从事股票、债券等正规投资业务。

基金的分类

● **根据运作方式的不同，基金可分为开放式基金和封闭式基金**

　　开放式基金：基金份额不固定，投资者可以在协议范围内随时购买，随时要求赎回。在银行购买的基金通常为开放式基金。

　　封闭式基金：投资者在封闭期内不能追加购买，也不能要求赎回。如果不想再持有基金，可通过证券市场将基金转卖给别人。我们平常在股票交易系统里看到的基金基本上都是封闭式基金。

● **根据投资对象的不同，基金可分为股票型基金、债券型基金、货币型基金和混合型基金**

　　①股票型基金是指将60％以上的基金资产投资于股票的基金。

　　②债券型基金是指将80％以上的基金资产投资于债券的基金。

　　③货币型基金是指投资于短期存款、国债、短期公司债券等货币市场工具的基金。

　　④混合型基金是指混合投资于股票、债券和货币市场工具，并且投资比例不符合股票基金和债券基金要求的基金。

基金投资的收益

　　投资基金后可获得相应的收益分配。基金收益分配是指将基金的净收益按比例向基金持有人进行分配。基金收益包括基金投资所得股利、债券利息、买卖证券的价差收益和其他收入等。基金净收益是指基金收益减去按照国家有关规定，可以在基金收益中扣除的费用后的余额。

此外，投资基金也可以获得基金的买卖差价收益。如购入时每份基金净值1元，赎回时（售出时）每份基金净值1.2元，则每份基金可获得价差收益0.2元。

整体来说，基金收益相对稳定，但难以像股票那样在短期内获取高额的投资收益。具体而言，不同类型的基金，收益也有差别。

4　基金投资的风险

"不要把所有的鸡蛋放在一个篮子里"，这是投资领域的一句经典名言，意思就是要通过合理的投资组合来分散风险。基金正是集合资金、组合投资、分散风险的一种金融工具。所以，一般来说，基金投资的风险相比股票较小，不同类型的基金，风险也有差别。

延伸阅读

基金投资风险几何？

2016年4月的一天，南京市民孙女士向记者反映：她92岁的父亲在银行理财经理的推荐下，把101万元的养老钱都购买了股票型基金，结果8个月亏了32万元。

92岁的孙大爷是部队的离休干部，每个月发了工资，他都会把钱存入家门口的银行。2015年5月份，孙大爷的存款到期了，需要转存，这时候银行的一位理财经理向他推荐购买股票型基金。就这样，在理财经理的建议下，孙大爷购了四只股票型基金。孙大爷说，他当时知道投资股票基金是有风险的，但他以为只是收益高低不确定，本金不会亏。可是万万没想到，股票基金的风险会有这么高！

四、一箭双雕的房地产投资

购买房地产既可以自己使用，也可以用来投资理财，可以说是一箭双雕。一些人凭借房地产投资几年暴富，于是身边的人见了也都跃跃欲试，似乎房地产投资就是稳赚不赔。事实并非如此，房地产投资同样会有风险。投资房地产之前一定要充分了解房地产投资的一些知识。

 什么是房地产投资

房地产投资是指以房地产为投资对象的投资，如投资购买土地、住宅、写字楼、商铺、车库等。

● **商铺**
商铺是为顾客提供商品交易、服务或感受体验的场所，如超市、专卖店、餐馆等的门店。

● **写字楼**
写字楼是指专业的办公用楼。

● **住宅**
住宅是指用于居住的房屋。住宅投资是最传统、最普遍的一种房地产投资。

● **车位**
随着购买私家车的人越来越多，居民住宅区的车位越来越紧张。这就给车位投资带来了很好的机遇。

知识链接

在我国，土地是属于国家所有的，购买土地指的是购买土地的一定年限的使用权。也就是说你花钱购买了一块土地，实际上你只是获得了在一定年限内使用这块土地的权利，而这块地永远是属于国家的。所以，投资房地产时，一定要关注土地使用权的年限。

我国对土地使用权出让有最高年限的规定：居住用地是70年；商业、旅游、娱乐用地是40年；工业用地是50年；教育、科技、文化、体育、卫生用地是50年；综合或其他用地是50年。

2 房地产投资的相关术语

● 商品房与经济适用房

商品房是指由具有经营资格的房地产开发公司开发经营的住宅。商品房可以自由交易，而且都是按市场价格出售。作为投资购买的住宅一般是商品房。

经济适用房是由城市政府来组织建造，再以较低的价格出售给城镇中低收入家庭的住宅。

知识链接

经济适用房的购买有严格的条件要求，并非具有购买意愿的人都可以购买。一般是低收入、无房及符合其他相关条件的人才可以购买。经济适用房购买以后，五年内不能出售，如果要出售，只能出售给符合经济适用房购买条件的家庭，或由政府相关部门收购。而且，经济适用房在出售之前要补交土地出让金。

● 现房、期房和二手房

现房：竣工验收合格，并取得了房产证和土地使用证的商品房。

期房：可以销售，但未竣工验收合格，未取得房产证和土地使用证的商品房。购买期房，价格相对较低，但风险相对较大，主要有：一是开发商可能延期交房；二是房屋的品质没有保障；三是房屋的产权证可能无法按期取得。

二手房：新建的商品房进行第一次交易时为"一手"房，经过一手买卖后再上市交易的房产称为二手房。如果从开发商手里购进一套新房后再转卖给其他人，那么，从开发商手里买进的新房为"一手"房，转卖时的房屋为"二手"房。

 房地产投资的收益

房地产投资获利的主要途径有：一是购买房地产用于出租，收取租金；二是购买房地产待涨价以后转卖；三是购买房地产先自己使用或出租，待涨价以后再转卖。

房地产涨价时，房地产出租的租金通常会随之提高，房地产出售赚取的差价也会更多。反之，房地产降价，房地产投资的收益会减少，甚至会亏损。房地产价格的变化是影响房地产投资收益和投资风险的关键性因素。因此，想要投资房地产，首先要了解房地产的价格变动趋势。

房地产投资的收益

2003年，曾先生以2400元每平方米的价格在长沙市买了一套130平方米的商品房，总价大约31万元。对于当时长沙市的房价水平来说，2400元每平方米的价格也算是高价了，因为当时最便宜的房子只要几百元1平方米。从2007年开始，房价迅速上涨。到2013年，曾先生的这套房子已经涨到了90多万元。也就是说，10年时间，房价涨到3倍以上。如果曾先生将这套房子卖出的话，他不仅白住了10年，还可以净赚60万元。

4 房地产投资的风险

房地产投资有风险吗？房地产投资有些什么风险呢？

① 房子质量出现问题。

② 不能如期取得产权证。

③ 无法获得预期的租金收入。

④ 房价大跌导致无法实现预期的转售差价收益。

抓住了好的时机，房地产投资可以获得很高的收益，可遇上房价大跌，就有可能出现很大的亏损。另外，房地产投资需要很大的资金量，一旦购入想要再卖掉并不那么容易。所以，投资房地产一定要慎重。

如果你家里有200万元需要做投资理财，你会怎么建议呢？

智慧锦囊

——个人最大的破产是绝望，最大的资产是希望。

第 **4.** 章

保险与理财

古人云："天有不测风云，人有旦夕祸福。"
如果遭遇重大疾病或意外事故，我们该如何面对呢？
为了防范这些风险，居安思危地为自己买一些保险，
能够让我们更好地缓解因重大疾病、意外事故等带来
的经济压力。而购买一些具有理财性质的保险，不仅
可以帮助我们抵御风险，还可以帮助我们理财。

一、保险概述

保险产生的原因——风险

保险是为了防御、化解风险而产生的一种经济制度。因此，认识了解保险要从风险说起。

● 什么是风险

风险是什么？为什么会产生风险呢？要探究这些问题，先看看小马过河的故事吧！

小马过河

马棚里住着一匹老马和一匹小马。

有一天，老马对小马说："你已经长大了，能帮妈妈做点事吗？"小马高兴地说："怎么不能？我很愿意帮您做事。"老马高兴地说："那好啊，你把这半口袋麦子驮到磨坊去吧。"

小马驮起口袋，飞快地往磨坊跑去。跑着跑着，一条不知深浅的小河挡住了他的去路，河水哗哗地流着。小马为难了，心想：我能不能过去呢？如果妈妈在身边，问问她该怎么办，那多好啊！可是离家很远了。小马向四周望望，看见一头老牛在河边吃草，小马"嗒嗒嗒"地跑过去，问道："牛伯伯，请您告诉我，这条河，我能走过去吗？"老牛

说："水很浅，刚没到小腿，能蹚过去。"

小马听了老牛的话，立刻跑到河边，准备过去。突然，从树上跳下一只松鼠，拦住他大叫："小马！别过河，别过河，你会淹死的！"小马吃惊地问："水很深吗？"松鼠认真地说："深得很哩！昨天，我的一个伙伴就是掉在这条河里淹死的！"小马连忙停住脚步，不知道怎么办才好。他叹了口气说："唉！还是回家问问妈妈吧！"

小马甩甩尾巴，跑回家去。妈妈问他："怎么回来啦？"小马难为情地说："一条河挡住了去路，我……我过不去。"妈妈说："那条河不是很浅吗？"小马说："是呀！牛伯伯也这么说。可是松鼠说河水很深，还淹死过他的伙伴呢！"妈妈说："那么河水到底是深还是浅呢？你仔细想过他们的话吗？"小马低下了头，说："没……没想过。"妈妈亲切地对小马说："孩子，光听别人说，自己不动脑筋，不去试试，是不行的，河水是深是浅，你去试一试，就知道了。"

小马跑到河边，刚刚抬起前蹄，松鼠又大叫起来："怎么？你不要命啦？！"小马说："让我试试吧！"他下了河，小心地蹚到了对岸。

原来河水既不像老牛说的那样浅，也不像松鼠说的那样深。

《小马过河》是一个很经典的寓言故事，它告诉我们一个道理：别人的经验不一定适合自己，只有自己亲自去尝试，才能真正了解事物，要有勇于探索的精神。但是在探索过程中会有一些不确定的事情发生，这就是风险。

在《小马过河》的故事里，你认为小马面临的风险有哪些呢？

● **风险的种类**

人的一生中会面临很多不确定的事情，也就是说会面临很多风险。风险根据不同的标准有不同的分类方法。

（1）按照风险产生的原因进行分类

① 人身风险

人身风险是指个人或家庭成员因为生命和身体遭受损害，导致个人和家庭收入减少、支出增加的风险。各种损害包括：受伤、疾病、早亡、年老等。人的一生中可能遭遇的人身风险归纳下来有意外风险、疾病风险、长寿风险。

随着社会经济的发展、医学的进步，以及人们生活方式的转变和健康意识的加强，人均寿命的提高已经成为全世界的一个普遍现象，人均寿命的提高带来了人口老龄化等一系列社会问题。

延伸阅读

长沙人均预期寿命76.91岁

长沙市统计局发布的数据显示：2014年末，长沙60岁及60岁以上人口达119.4万人，比上年增加6.6万人，年均增加5.83万人，人口老龄化进程明显加快。

2014年长沙市老年人抚养比达到23.8%，比2010年的18.8%提高了5个百分点，即2010年每100个劳动力人口需要抚养19位老人，到2014年上升到每100个劳动力人口需要抚养24位老人。

人口老龄化加剧的重要原因之一是人均寿命的提高。随着长沙经济社会的发展，生活水平以及卫生、医疗保健、社会保障等条件得到改善，人口的平均寿命也随之延长，老年人口的比重逐步提高。经济总体水平大幅提高的同时，人均预期寿命也逐渐延长，2000年长沙人均预期寿命73.76岁，2010年76.01岁，2014年延长至76.91岁。

② 财产风险

财产风险是指个人和家庭的财产因自然灾害（如水灾、火灾、暴风雨或地震等）或人为原因（如盗窃、碰撞、恶意破坏等）导致财产损失的风险。

③ 责任风险

责任风险是指因为自身或被监护人的行为对他人造成伤害或损失，而必须承担责任的风险。如司机因操作不慎造成车祸，对他人造成损失的风险。

④ 投资风险

投资风险是指由于未来投资收益的不确定性，在投资中可能会遭受的收益损失甚至本金损失的风险。

（2）按照是否可以通过保险分散进行分类

风险按照是否可以通过保险分散分为可保风险和不可保风险。

① 可保风险

可保风险是指可以通过保险分散化解的风险。一般来说可保风险具有以下特征：

可保风险是因为意外而产生的风险；

可保风险对群体而言，发生是必然的，而对个人而言，发生的可能性则比较小；

可保风险一旦发生会使个人和家庭产生较大的经济损失。

比如人肯定会生病，对具体的某个人而言可能偶尔会生小病，但是生大病的可能性就不大。因此，大病对个人而言就是意外了，需要较大的医疗费用开支。合理购买医疗保险就能从医疗保险中获得大部分的医疗费用赔偿，使个人因生病而产生的经济损失降至最低，从而达到分散风险的目的。

②不可保风险

不可保风险是指不能通过保险分散化解的风险，如战争、投资、赌博等造成的风险都是不可保风险。

忽然得了疾病需要住院治疗，你认为这属于哪一类风险呢？

智慧锦囊

谨慎能捕千秋蝉，小心驶得万年船。

● 如何防范风险

大多数风险在一定程度上是可以通过合理的防范而降低的。这就需要我们做到：

① 树立风险意识，加强风险教育和日常风险防范训练；

② 遵纪守法，做一个有道德的社会公民；

③ 努力学习，认真锻炼身体，养成良好的生活、学习习惯；

④ 考虑购买保险分散风险，以降低经济损失，提高生活质量。

 什么是保险

"保险"是生活中比较常用的一个词，如"按我说的做，保险没事！"这里的"保险"一词在句中做动词，意思是"担保"或"保证"；又如"这样做，可不太保险！"这时的"保险"在句中做形容词，意为稳妥可靠。

在我们的生活中，风险是客观存在的。人们无法彻底消除风险，但可以发挥主观能动性减少风险造成的危害和损失。如通过购买保险来转移风险，以弥补损失。那么，什么是保险呢？

　　保险是以合同的形式确立双方的经济关系，集合多数单位或个人的资金，用科学的方法聚资，建立专用基金，对遭受约定的灾害事故所导致的损失或约定事件的发生，进行经济补偿或给付的一种经济形式。也就是说，个人或单位向保险公司交纳一定的"保险费"后，出现合同约定的意外或损失时，由保险公司来赔偿相关损失。这样，风险就转移给了保险公司。

　　要进一步了解保险，需要掌握与保险相关的几个重要概念。

　　● **保险人**

　　保险人是指收取保险费，专门提供保险服务的保险公司。

　　● **投保人**

　　投保人是指与保险人订立保险合同，并按照合同约定负有支付保险费义务的人。

　　● **被保险人**

　　被保险人是指其财产或者人身受保险合同保障，享有保险金请求权的人。投保人和被保险人可以是同一人，也可以不是同一人。

　　● **受益人**

　　受益人是指保险合同中由投保人或者被保险人指定的，享有保险金请求权的人。受益人可以是投保人和被保险人，也可以不是投保人和被保险人。

　　● **保险费**

　　保险费是指投保人根据保险合同上标明的价格，向保险人支付购买保险服务的款项。保险费由投保人交纳，保险人收取。

● 保险金

保险金又称保险赔款，是指在满足合同约定的条件时由保险人依照合同规定向被保险人（或受益人）承担给付义务的款项。保险金由保险人支付，被保险人（或受益人）收取。

保险的基本原理是将小概率的大额支出转化为确定的小额支出。如每个人拿出100元购买大病医疗保险，一万个人投保，保险公司就可以收到100万元的保险费。假设这一万个人中有一个人因大病需要住院治疗，保险公司赔付60万元，这就相当于将小概率的60万元支出转化为确定的小额支出——100元的保险费支出。

延伸阅读

为什么会有保险

在学校操场上，小珍不小心摔倒了，导致手臂骨折，在医院治疗花费了5000元医药费后才痊愈。

小珍的父亲从学校老师那里了解到，以前也发生过类似的意外，以后也很难避免这种意外。于是小珍的父亲建议在校的学生家长们每年出50元为自己的孩子购买一份意外保险，这样，以后再出现这种意外事件，医药费就可以由保险公司承担了，这个建议获得了家长们的一致赞同。

家长们为什么愿意出钱买保险呢？

每年50元的保险费用是一个很小的数目，但如果发生意外，可以从保险公司获赔大额的医疗费用。家长们购买保险，实际上就是把未来不确定的大额费用支出转化为了确定金额的小额费用支出，达到了分散风险的目的。

有没有保险公司愿意承保呢？

中小学生是个很大的社会群体，虽然在中小学生中意外事件经常发生，但具体到某一个学生，这种意外发生的可能性还是很小的，就算是发生了意外，通过这个群体的其他投保人所交纳的保费，在补偿保险金后往往还有剩余，剩余部分就成了保险公司的利润，所以保险公司会愿意提供这种服务。比如小珍的父亲如果在这之前购买了保险，保险公司负责支付的5000元医疗保险金，只需要100个学生家长投保就能得到补偿。当投保的人超过100人时，保险公司就有利润了。

保险的功能

● 保障功能

生活中无法预料的意外事件，常常让我们措手不及，如意外摔伤、车祸以及突发重大疾病等，都会给家庭带来沉重打击。购买保险，可以使被保险人在重大意外事件发生时得到一笔数目可观的赔款，从而缓解生活压力。这就相当于用小额的保费支出给生活增添了一份保障。

延伸阅读

遇车祸意外去世，保险公司赔偿50万元

陈某是一家企业的业主，2014年4月5日晚上，他在骑摩托车回家的路上发生车祸，送医院抢救无效后死亡。陈某是家中的顶梁柱，家里还有正在上小学的孩子，妻子在自己的厂里料理事务。陈某的不幸去世让生活刚刚有些起色的家庭顿时陷入了困境。

一年前，陈某为自己选购了一份投资和保障类的保险产品，当时的保费是每年5000多元。陈某发生事故后，他的家人申请了理赔，在情况得到确认以及相关材料备齐后，5月9日，保险公司的相关人员将50万元的身故保险金送到了投保人陈某的亲人手中。这笔钱使投保人的妻子和儿女今后的生活有了保障。

● 投资理财

保险除了具有保障功能外，还有投资理财的功能。并且，随着社会经济的发展，具有理财功能的保险产品越来越多，如各种分红保险。

知识链接

分红保险，简单来说就是带有分红功能的寿险，它最早出现于1776年的英国。分红保险使投保人不仅可以有效规避风险，还可以享受分红收益。

分红保险具体又可分为投资分红险和保障分红险，前者侧重保险的投资理财功能，后者侧重保险的保障功能。

二、多种多样的保险

 社会保险和商业保险

根据保险的性质，保险可以分为社会保险和商业保险。

● **社会保险**

社会保险是指国家为了预防和分担年老、失业、疾病以及死亡等社会风险，实现社会安全，而强制社会多数成员参加的，具有所得重分配功能的非营利性的社会安全制度。社会保险的主要项目有养老保险、医疗保险、失业保险、工伤保险和生育保险。

延伸阅读

社会保险的现状

官方数据显示：2013年累计中断缴社保的人数有3800万，占城镇职工参保的一成多。个人一旦中断社保，根据各地的不同政策，买房买车都将受到很大的影响。从表面上来看，中断社保纯属个人行为，但影响的是整个社保体系。

2015年8月底，根据社保第三方专业机构"51社保"发布的2015《中国企业社保白皮书》，企业参保基数合规率为38.34%。也就是说，仍有接近62%的企业未按照职工实际工资缴纳社保，其中24%的企业统一按最低基数缴费。除了以上缴费状况不尽如人意外，我国的社会保险还存在以下问题：

一方面，2014年"十一连涨"（指政府连续11年提高社会基本养老保险待遇）后的养老金不能很好地满足老人的生活所需。即使是保障水平最高的北京，每月3000多元的企业职工养老金花起来也必须精打细算，更不要说1.4亿只能领到基础养老金的城乡老年居民了。

另一方面，养老保险基金的运行状况同样不尽如人意：2013年我国有19个省份的养老保险基金收不抵支，收支缺口合计1702亿元。全国层面的企业职工基本养老保险基金已连续3年收入增速低于支出，因此，养老保障水平继续提高的潜能正在下降。

● **商业保险**

　　商业保险是指通过订立保险合同运营，以营利为目的的保险形式，它由专门的保险企业经营。商业保险关系是由当事人自愿缔结的合同关系，投保人根据合同约定，向保险公司支付保险费，保险公司对合同约定的可能发生的事故所造成的财产损失承担赔偿保险金责任，或者当被保险人死亡、伤残、患病或达到约定的年龄、期限时承担给付保险金责任，如商业养老保险、意外事故险等。

强制保险和自愿保险

　　根据是否自愿投保，保险可以分为强制保险和自愿保险。

● **强制保险**

　　强制保险是指根据国家颁布的有关法律和法规，凡是在规定范围内的单位或个人，不管愿意与否都必须参加的保险，比如机动车第三者责任保险。

● **自愿保险**

　　自愿保险是指投保人和保险公司在平等互利、等价有偿的原则基础上，通过协商一致，双方完全自愿订立保险合同，建立保险关系的保险。商业保险一般属于自愿保险。

人身保险、财产保险和责任保险

　　根据保险标的的不同，保险可以分为人身保险、财产保险和责任保险。

● **人身保险**

　　人身保险是以人的寿命和身体为保险标的的保险。当人们遭受不幸事故或因疾病、年老以致丧失工作能力、伤残、死亡或年老退休时，根据保险合同的约定，保险人对被保险人或受益人给付保险金，以解决其因病、残、老、死所造成的经济困难。人身保险一般分为人寿险、健康险、意外伤害险等。

● **财产保险**

　　财产保险是以财产或利益为保险标的的保险。投保人根据合同约定，向保险人交付保险费,保险人按照保险合同的约定对所承保的财产及其有关利益因自然灾害或意外事故造成的损失承担赔偿责任。财产保险具体又可分为财产损失类(汽车保险、工程保险)和信用保险类等。

● **责任保险**

责任保险是指以保险客户的法律赔偿风险为承保对象的一类保险,它属于广义的财产保险范畴,适用于广义财产保险的一般经营理论,但又具有自己的独特内容和经营特点,从而是一类可以自成体系的保险业务。

延伸阅读

有趣的另类保险

计划春节期间出行,没人在家,万一水管爆裂、天然气爆炸怎么办?出去玩,万一证件或行李丢失了怎么办?……市民的顾虑保险公司都已经考虑到了。针对有出行计划的市民,银川市多家保险公司都有短期境内或境外游保险以及家财险。其中,家财险的保障时间多为1年,费用为100元左右,可防财物被盗、水管破裂、玻璃破碎等,在营业网点办理手续即可。此外,网络保险渠道还有证件丢失意外险、酒店安心住宿保险、随车行李损失险、手机支付资金安全险等,这几种保险一般因保障时间长短不同,价格也不一样,最低的只要一两元钱。

除了春节出行方面的险种,针对在家过年的人们,也有不少险种可选,有些我们可能根本没听说过。例如,春节烟花爆竹险,主要针对孩子放鞭炮可能发生意外。此险种根据保障时间的不同,价格一般在5元至10元,保障金额最高达5万元。同类产品还有儿童意外医疗保险,它主要针对孩子玩闹时人身安全发生损害。此外,逢年过节少不了大吃大喝,一不小心吃坏了肠胃怎么办?有这样的担心的人,可以考虑肠胃健康关怀保险,只要在医院确诊患急性肠胃炎,需要支付的医疗费及住院津贴,都可以根据约定得到一定赔偿。此险种保障时间为30天到全年不等,根据保期的不同,价格也不同,最低8元左右。

智慧锦囊

世界上金钱所不能买的东西,恐怕就是寿命,你不但要有理想,还必须有健康的身体。

小朋友买什么保险好

专家建议：不同年龄段的孩子应侧重不同保障。不同年龄段的孩子，其所面临的风险各有特点，所以需要保障的重点、保额的多少也就有所不同。

0～4岁的婴幼儿：这个时期的小孩抵抗力差，最容易生病，所以，家长此时应偏重于投保一些住院医疗补偿型险种，用以弥补医疗费用的不足。

小学时期：由于此时期小朋友的活动范围扩大，活动量增加，意外隐患也明显增多，这时候应适当增加意外险的投入，并且在条件允许的情况下开始考虑未来教育金的储蓄。当然，如果家庭条件很好，应该在孩子出生后不久就考虑未来教育金的储蓄，这样每年保费负担可以减少。

14～15岁以后：如果此时还没有购买教育类的保险产品，可以选择现金返还类寿险解决教育基金的问题，也可以考虑交费和支取都非常灵活的万能寿险，这个险种不仅有保障性，还有很高的投资性。同时，针对这个年纪的意外险、医疗险也是不可缺少的。

小试身手

请你问一问身边的亲人或者邻居，他们有没有购买保险，买了什么保险，为什么买？问询结果请填在下面的表格中。（要求不少于三人）

问询对象	是否购买保险	购买了何种保险	购买原因

 # 三、投保与索赔

保险是人们分散风险，补偿损失的一种方法。但现实生活中，大多数人的保险意识淡薄或者认识不清。为了减少人们对保险业的误解，我们可以从了解保险的投保与索赔开始。

 ## 投保原则

● 优先给大人购买保险

在一个家庭中，父母是孩子的基本保障，只有父母有保障，孩子才会安全。孩子最大的风险就是父母出了意外，所以只有给父母买了保险，才能给孩子最有力的经济保障。

● 优先给家庭经济支柱购买保险

家庭经济支柱是家庭经济收入的主要创造者，当这个经济支柱发生意外或者罹患重大疾病时，家庭的主要收入来源就会中断，进而会降低家庭生活品质甚至导致家庭经济崩溃，所以，家庭的经济支柱是最需要保护的。

● 优先购买意外险和健康险

人生的三大风险包括意外、疾病和养老，其中最难预知和控制的就是意外和疾病，而保险的保障意义就体现在这两类保险上。因此，购买保险，首先就应购买意外险和健康险。有了这些最基本的保障，才能去考虑其他的保险。

● 根据需求购买保险并量力而行

每个人的财务状况各不相同，我们要根据需要分散的风险，来选择需要购买的保险品种。投保时根据自己的经济实力量力而行，要既能够负担得起保费，又能有效分散所面临的风险。值得注意的是，千万不要让保险费成为自己沉重的经济负担，一般来说，

所交保费不要超过收入的15%。

● **重视防范可能造成巨大损失的风险**

买保险的主要目的是预防自己无法承受的重大损失，所以购买保险时应当重点关注可以分散高额损失的保险服务。比如基本医疗保险对重大疾病的保障程度比较低，因此，可以在基本医疗保险的基础上适当增加购买重大疾病类的商业保险，用以分散重大疾病可能产生的风险。

 保险公司的选择

在投保人购买保险后的保险期内，投保人和被保险人与所投保的保险公司有着切身利益关系。因此，选择合适的保险公司对于投保人来说是非常重要的。

● **选择品牌知名度与公众认可度高的保险公司**

品牌知名度与公众认可度高的保险公司经济实力一般比较雄厚，经营也比较规范，购买保险可首选这类保险公司。

● **选择偿付能力强的保险公司**

偿付能力是一种支付保险金的能力，表现为实际资产减去实际负债后的数额。偿付能力是影响公司经营的最重要的因素，公司具备足够的偿付能力，才可以保证发生保险事故时，有足够的资金支付保险金，并保证保险公司的正常经营。

投保人可以依据保险监管部门或权威评级机构对保险公司的评定结果来了解保险公司的偿付能力，评定等级越高，就表明该保险公司的偿付能力越强。投保人还可以查看保险公司的财务报表，分析保险公司的保费收入、赔款、费用、利润等财务指标，从而了解其财务状况。

● **选择产品适合自己的保险公司**

投保人在选择保险公司时，需要了解公司产品的特点，及其在同类产品中的竞争优势，分清楚是保障型保险，还是投资型保险，或者是偏保障型还是偏投资型的保险，等等。在投保前，投保人需要详细了解保单条款中涉及自身利益的具体内容，如承保风险种类、保险责任、保险收益、保险期限、赔付方式等。如果选择保障型产品，也应选择一个种类较齐全的保险公司，这样更容易搭配组成套餐。

● **选择服务质量好的保险公司**

目前保险市场竞争激烈，保险产品的同质化程度较高，但服务质量好的公司，更加注重诚信，能够提供更加专业的服务，理赔效率更高。

以服务水平作为选择保险公司的标准，要从保险公司提供的服务及其业务员两个方面来考虑。保单往往是一个长期有效的契约，是保险公司给投保人许下的一个承诺。保险公司业务员提供的个性化的服务水平在体现业务员专业程度和综合素质高低的同时，也能间接体现公司的培训力度与管理水平。现实生活中，有很多投保人都抱怨保险业务员在投保前形影不离，投保后却无影无踪，这就说明这些保险公司在后续服务方面存在问题，需要我们在投保时加以认真分辨。

3 购买保险的注意事项

● 认真阅读保险条款，仔细了解保险责任和责任免除

投保人在购买保险之前应当仔细研究保险条款中的保险责任和责任免除这两个部分的内容。保险条款是保险公司同消费者签署的保险合同的核心内容，它规定着一份保险所包含的权利与义务。一般情况下，保险合同中的保险条款除保险责任外，其他各项条款的内容基本相同，因此需要重点阅读保险条款中有关保险责任的规定，同时，也需要看清楚保险条款中相关的责任免除，了解在何种情况下保险公司可以不承担赔偿和给付的责任；有时还需要认真阅读某些保险产品自己所特有的规定和注释。对一些比较专业的保险条款，如果一时看不明白，应向保险公司的业务人员询问清楚，必要情况下，还可以向专业律师进行咨询。

● 如实填写投保单信息并亲自签名

在保险公司投保时，投保单上有许多项目需要填写，其中可能包括一些隐私的内容。填写时，这些信息一定要真实，并最后亲自签名。如果保单信息填写不真实，可能

延伸阅读

无意义的超额投保和重复投保

甲先生将自己一幢价值为120万元的房子先后向A、B、C三家保险公司投保，在A公司的保险金额为60万元，在B公司的保险金额为50万元，在C公司的保险金额为40万元。在合同有效期内，他的房子遭遇了保险事故，实际损失50万元。

甲先生为自己房子投保的财产险就存在重复投保和超额投保的问题。因为三家公司的保险金额合计为150万元，超过了房子的价值120万元。对于此次保险事故的损失，甲先生总共也只能获得50万元的赔偿，只是这50万元会由三家保险公司依据保险金的比例分摊而已，分别为：

A公司赔偿金额 = 60 ÷ 150 × 50 = 20（万元）

B公司赔偿金额 = 50 ÷ 150 × 50 = 16.67（万元）

C公司赔偿金额 = 40 ÷ 150 × 50 = 13.33（万元）

会导致保险公司以此为依据拒绝赔偿或给付保险金。

● **更关注保险提供的保障程度，而不是保险费高低**

购买保险时不能光看同类的保险哪种需要花的钱最少，而要搞清楚保障的范围究竟有多大。比较便宜的保险其所保障的范围往往也比较小，出险后赔付的钱也会相对比较少。因此，投保人在购买保险时首先应考虑保险的保障作用，再考虑买保险所需要花的费用高低。

● **避免进行超额投保和重复投保**

超额投保是指投保金额高于财产价值。财产保险中保险人承担的是补偿实际损失责任，对保险金额中超过财产价值的部分无赔偿义务。

重复保险是指投保人在多家保险公司对同一保险标的进行投保。如果重复投保导致总保险额超过保险标的价值，就属于超额投保。

人寿保险和意外伤害险不存在超额投保和重复投保，但是健康保险、财产保险、责任保险都可能存在超额投保和重复投保的问题。

 保险索赔

保险索赔是指在遭受承保责任范围内的风险损失时，被保险人或受益人向保险人提出的索赔要求。进行保险索赔主要有以下几个步骤：

第一，要在保险条款规定的时限内及时报案。报案可以采取上门报案、电话（传真）报案、业务员转达报案等方式。报案内容包括出险的时间、地点、原因，被保险人的现状，被保险人姓名、投保险种、保额、投保日期，联系电话、联系地址等。

第二，案件受理后准备好申请保险金的应备文件。一般有保险合同、保险金给付申请书（受益人需要于申请书上签名）、被保险人发生意外伤害事故的证明文件、被保险人的门诊或急诊病历和住院证明（包括出院小结和所有费用单据）、被保险人、受益人身份证明和户籍证明等。

第三，保险人对案件进行调查。理赔调查是保险理赔工作中的一个组成部分，但不是保险理赔的必经程序。对于单证齐全、证明材料充分、保险责任明确的案件可以不调查；但对于某些理赔案来说，案件调查是一个必要的重要步骤。

第四，保险公司对案件进行审核。保险公司对案件所进行的审核一般包括保单状况的审核、被保险人和保障范围的审核、索赔材料和事故性质的审核，进而确定损失并理算保险金。

第五，被保险人（或受益人）领取保险金。当承保的保险公司做出了赔偿损失的决定后，将通知受领人领取保险赔偿金，被保险人（或受益人）在收到保险赔偿金后，需在保险金的收款条上签名并将回单联回复给保险公司。

第 **5** 章

理财好帮手

　　家庭富足和社会安定是人们生活幸福、社会经济健康发展的重要基础。因此，我们要多多关注家庭理财活动，通过理财为家庭创造更富足的物质生活。

　　要做好家庭理财，除了要学习与理财相关的专业知识以外，还要掌握理财的辅助工具。首先要学习如何进行家庭预算，以便对家庭的收支做出科学合理的安排；其次要学会记账，并通过账本的分析发现问题、解决问题；此外还要学会对整个家庭进行科学的理财规划。

 一、家庭预算

 ## 什么是家庭预算

预算是成功理财的第一步，"凡事预则立，不预则废"，家庭预算是用货币形式来反映的家庭预期的有关现金收入、支出等方面的详细计划。

编制家庭预算的主要作用是保持家庭收支平衡，防止产生不必要的支出和损失，为实现家庭财产的保值增值打下良好基础。具体说来，家庭预算有如下作用：

● 有助于保持家庭的收支平衡

通过制订家庭预算，可以将未来一段时间的收入和支出进行合理安排，做到量入为出，进而使家庭在收入丰厚时有所节余，以弥补收入降低时家庭支出的不足，做到以丰补歉，实现家庭收支的长期平衡。

● 有助于帮助家庭成员养成良好的消费习惯

一个好的家庭预算，可以帮助家庭成员树立正确的消费观，培养他们良好的消费习惯，减少甚至避免盲目消费和冲动消费，提高家庭资金的使用效率。

● 有助于建立应急基金，防范意外风险

制订家庭财务预算时既要考虑家庭日常开支所需资金，也要考虑意外开支的需要，这一部分开支就属于家庭应急基金，建立家庭应急基金，能让我们在意外发生时从容应对。

● 有助于实现家庭理财目标

制订了家庭预算后，我们再把日常生活中的收支详细地记录下来，然后将实际收支与预算收支进行比较，就能发现哪些支出项目已经超标，哪些支出有结余。这样有助于我们减少家庭开支，从而积累更多的钱用于投资理财。

编制家庭预算的步骤

家庭预算分为家庭收入预算和家庭支出预算两部分。家庭收入预算是指家庭可支配的全部收入的总和。家庭支出预算则是对家庭收入进行分配和使用的细分。每个家庭的收入和支出可能相差很大，但编制家庭预算的步骤是基本相同的。

● **确定家庭预算的时间跨度**

人们通常习惯按月度、季度和年度编制家庭预算。

● **正确划分固定支出和非固定支出**

固定支出是指在一定时期内支出数额基本不变，且必须支付的支出，如维持日常基本生活所需要的水电煤气费、电话交通费以及房屋贷款的月供款等。

非固定开支是指弹性较大，可多可少的支出项目，基本类别包括维持基本生活开支之外的食物（如零食）、服装、日用品等的支出，文化娱乐支出，美容、交际支出和其他杂用支出。

● **将家庭收入进行合理分类**

① 薪资收入：家庭成员所获得的劳动报酬，这是大多数家庭的主要收入来源。

② 家庭经营收入：家庭成员从事个体经营取得的收入或销售自己生产的农产品取得的收入。

③ 财产性收入：包括房租收入、存款利息收入以及股票、债券、基金投资所获得的收益等。

④ 其他收入：包括接受捐赠收入、政府的补贴收入、保险赔偿款等。

● **确定家庭预算项目**

预算项目分为收入类预算项目和支出类预算项目，预算项目应该根据家庭生活中的具体内容而定，其分类要求简明实用，便于进行分析和管理。

● **计算家庭预算收支盈余**

一定期间内家庭预算收入总额与家庭预算支出总额之间的差，就是家庭预算收支盈余。如果其为正数，为避免货币资金闲置，可以考虑购买理财产品；如果是负数，则需要考虑如何通过削减预算支出、延迟非固定支出、筹资等方式保证预算能顺利执行。

家庭预算收支表

项　目	时 期1	时 期2	时 期3	……	合 计
期初结余					
一、家庭收入					
薪资收入					
……					
家庭收入合计					
二、家庭支出					
食品及日用品支出					
教育支出					
……					
家庭支出合计					
家庭收支盈余					
期末结余					

注：家庭收支盈余等于家庭收入合计减去家庭支出合计；期末结余等于期初结余加上本期收支盈余。

 家庭预算执行分析

对家庭收支进行预算是一项长期、持续的工作，必须定期检查预算执行情况，及时进行总结分析。分析预算时，可以制作一个如下形式的表格来计算分析所需要的数据。

家庭预算与实际收支差异分析表

项　目	预算金额 ①	实际金额 ②	差异额 ③=②-①	差异率 ④=③/①
期初结余				
一、家庭收入				
薪资收入				
……				
家庭收入合计				
二、家庭支出				
食品及日用品支出				
教育支出				
……				
家庭支出合计				
家庭收支盈余				
期末结余				

二、理财小账本

1 学记日记账

由于家庭经济水平的提高，同学们的零花钱越来越多。因此，很多同学都养成了乱花钱的坏习惯，爸爸妈妈给的零花钱总是很快就没有了，也不知道花到哪里去了。

奇奇的爸爸妈妈每个月给他100元零花钱，可奇奇总是很快就"弹尽粮绝"，每到月底的时候就备受"贫穷"的折磨。看到自己喜欢的东西却没钱买，奇奇烦恼极了。于是，妈妈建议他准备一个小账本，记下自己所有的收支。自从学着记账开始，奇奇的烦恼消失了，他每个月都可以把自己的零花钱安排得妥妥帖帖。因为记账可以提醒自己控制不必要的支出，将钱省下来花到更有价值的地方去。

同学们，你们也来学学记账吧！

第一步，设计一个表格。

日期	摘要	收入	支 出				余额（元）
			学习	零食	玩乐	其他	

支出部分可以根据自己的需要进行细分。一般可划分为必要支出和非必要支出两大类，也可以分为更具体的类别。

第二步，在"日期"这一栏填上月初的日子（如2016-1-1），在"摘要"这一栏写清楚收支的内容（如月初余额），将上个月剩余的钱（如20元）填入"余额"这一栏，如下：

日期	摘 要	收入	支 出				余额（元）
			学习	零食	玩乐	其他	
2016–1–1	月初余额						20

第三步，记录每一笔收入和支出，并算出余额，如下：

余额=上一笔记录的余额+本次收入或余额=上一笔记录的余额 – 本次支出

日期	摘 要	收入	支 出				余额（元）
			学习	零食	玩乐	其他	
2016–1–1	月初余额						20
2016–1–1	收到零花钱	100					120
2016–1–5	买零食			10			110
2016–1–12	买墨水		4				106
2016–1–20	买零食			6			100
2016–1–28	买玩具				40		60
2016–1–31	合计	100	4	16	40		60

第四步，合计出本月收入、支出和月末余额。

月末余额（60）=月初余额（20）+本月收入合计（100）–本月的支出合计（4+16+40）

小试身手　请把你这个月或这个星期的收支情况记录在下表里：

日期	摘 要	收入	支 出				余额（元）
			学习	零食	玩乐	其他	

2 账本分析小技能

如果我们把每个月的收支记录下来了，运用几个小小的账本分析技巧，自己的花费情况就能一目了然。

● **比较分析之一 ——你比以前更理性了吗**

记账的目的是促使自己变得更理性、节约。所以，记账之后，一定要分析自己的消费是否比以前更理性。

把本月的支出与上个月对比，就可以了解自己的支出变动情况。也可以将连续多个月的支出进行对比分析，以了解自己的支出的变动趋势。下面，大家一起来分析一下王军同学的零花钱支出吧！

假设王军同学最近四个月的零花钱支出情况如下表所示：

支出分析表1　　　　　　单位：元

时间	学习支出	零食支出	其他支出	合计
2016年4月	40	40	22	102
2016年5月	42	38	18	98
2016年6月	38	35	20	93
2016年7月	44	32	18	94

根据上表的数据分析，可以得出以下结论：

① 王军同学的支出总额呈下降趋势，说明王军同学比以前更节约了。

② 从支出的具体项目看，王军同学的零食支出越来越少，其他支出也多呈下降趋势，虽然学习支出本月有所增加，但属于必要支出。可见，王军同学的消费比以前更加理性了。

小试身手 请试着分析一下你这几个月的零花钱支出。

我的零花钱支出   单位：元

时间	学习支出	零食支出	其他支出	合计
分析结论				

智慧锦囊

生活是公平的，哪怕吃了很多苦，只要你坚持下去，一定会有收获，即使最后失败了，你也获得了别人不具备的经历。
　　　　　　　　　　　　　　——马云

● 比较分析之二——你比别人更节约吗

你觉得自己节约吗？将你的支出与同学对比，就可以知道自己是否更节约。

我们一起来分析王军是不是一位节约的同学。以下是王军与同学的2016年7月份零花钱支出分析表：

支出分析表2　　　　　　　　单位：元

姓名	学习支出	零食支出	其他支出	合计
李亮	35	45	24	104
刘静	50	52	16	118
周平	55	62	22	139
王军	44	32	18	94

根据上表的数据分析，我们可以得出以下结论：

① 在四个同学中，王军同学的零花钱支出总额是最少的。

② 从支出的具体项目看，王军同学的零食支出在四个同学中最少，学习和其他支出也比较少。可见，王军是一位比较节约、比较理性的同学。

大家来讨论

根据下面的零花钱支出比较表，你认为谁最节约，谁的消费最理性？

零花钱支出比较表　　　　　　单位：元

姓名	学习支出	零食支出	其他支出	合计
刘玲	60	20	25	105
张画	40	50	10	100
陈宇	20	40	15	75
李凡	30	45	20	95

● **结构分析——你的钱主要花在了哪里**

你是否有这样的困惑——怎么这么快就没钱了呢？我的钱花到哪里去了呢？结构分析法可以帮助你找到答案。

要对支出进行结构分析，首先要计算结构比率，即部分支出占总支出的比率。我们来帮王军同学算算他7月份的支出结构比率吧！

学习支出占总支出的比率=学习支出÷总支出

　　44÷94≈47%

零食支出占总支出的比率=零食支出÷总支出

　　32÷94≈34%

其他支出占总支出的比率=其他支出÷总支出

　　18÷94≈19%

可见，王军同学把47%的钱花在了学习上，把34%的钱花在了零食上，把19%的钱花在了其他方面。

小试身手　同学们，一起来看看你的钱主要花在了哪里。

_____ 支出占总支出的比率：_____

_____ 支出占总支出的比率：_____

_____ 支出占总支出的比率：_____

_____ 支出占总支出的比率：_____

分析结论：

算算用用，一世不穷；不算光用，海干山空。

——民间俗语

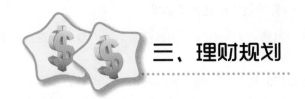

三、理财规划

1　理财规划的意义

理财规划是指根据个人或家庭客观情况和财务状况而制订的，旨在实现人生各阶段目标的一系列互相协调的理财计划，包括职业规划、房产规划、子女教育规划、退休规划等。理财规划的意义主要有：

① 保持家庭资产合理的流动性。

② 保障家庭成员合理的消费支出。

③ 筹备足够的教育费用。

④ 建立比较完整的家庭风险保障体系。

⑤ 有助于财富快速积累。

⑥ 有助于安享晚年生活。

…………

延伸阅读

什么是财务自由

"财务自由"是当今比较流行的一个时髦名词，也是众人所追求的生活目标之一。财务自由是指无需为生活开销而努力工作的状态。如果你的资产产生的被动收入大于或等于你的日常开支，那么就可以说你实现了财务自由。如你每个月的开支是1000元，而你能获得1001元无需劳心劳力干活所挣来的被动收入的话，那你就已经达到这种人人都美慕的财务自由了。此时，只要不发生什么重大灾难，你就可以不用干活也能生活下去。当然，如果你喜欢你的工作，也可以继续干下去，或者你可以选择你自己真正喜欢做的事，而不是为生活所迫，做那些你不乐意却又无可奈何要做的事。

值得注意的是，达到财务自由状态并不是想消费什么就可以消费什么，适度控制消费支出可以提早达到财务自由状态。

不同人生阶段的理财规划

　　家庭理财规划要做到将长、短期目标相结合，将规避风险与获取投资收益相结合，同时，根据人的一生中不同时期的具体情况，在理财规划的内容和重点上有所侧重。

● **单身期的理财规划**

　　单身期是指从学校毕业，参加工作到结婚前这段时间。此时的年轻人，由于刚刚离开学校，工作经验和社会经验较为缺乏，收入较低，开销却较大，一部分单身青年甚至入不敷出，一部分是月光族，部分比较节省的年轻人略微会有些储蓄。

　　此阶段的年轻人应为自己购买意外险、重大疾病险。由于年轻人承担风险的能力强，可以采用高收益型理财策略，部分不善于风险投资的年轻人也可以考虑采用定期定投的方式进行股票基金投资，以积累资金。

● **家庭形成期的理财规划**

　　家庭形成期是指年轻人从结婚到孩子出生前这一段时间，又被称为筑巢期。这一时期，夫妻虽然已经有了一定的经济实力，但由于需要大量资金进行置业投资，可能要背负大额房贷、车贷。不过，也有些夫妻经济条件较好没有太多的经济负担。

　　这一时期的理财重点是为家庭置业，如购房、买车等，可以适当承担一些债务。除了保留部分活期储蓄外，通常采用高收益型理财策略，可进行一些风险较高的股票、债券和基金投资，同时家庭成员还应该选择一些交费较低的定期险、意外保险、健康保险，以防止因发生疾病和意外造成的损失。

● **家庭成长期的理财规划**

　　家庭成长期是指家庭里的小孩从出生到孩子大学毕业前这一段时间，又被称为满巢期。这一时期的家庭成员基本固定。

　　这一阶段应把子女教育、生活费用作为理财重点。此时夫妻双方年富力强，风险承受能力进一步增强，可以适当进行有一定风险的投资，也可用部分资金投资房产以获得稳定的长期回报。另外，由于人到中年，身体机能明显下降，对养老、健康、重大疾病的要求较大，可以增加购买相关保险的费用。

● **家庭成熟期的理财规划**

　　成熟期是指家庭成员中的子女已经毕业参加工作到自己退休前这一段时间。这一阶段家庭成员数随子女成家立业独立生活而减少，因而经常被形象地称为离巢期。

这个阶段因收入达到巅峰且支出基本稳定，故应在退休前尽快把所有负债还清，为退休做准备。理财规划上，比较适合采用稳定、增长型理财策略，投资要更加注重稳健性，减少风险投资，增加国债、货币市场基金等低风险产品的投资，并购买养老、健康、重大疾病类保险。

● 退休养老期的理财规划

此阶段因为子女已经成家立业，有了自己的家庭，故被称为空巢期。

这一阶段，由于医疗费用增加，经常导致支出大于收入，因此家庭应当保证有充裕的现金资产使人安度晚年。比较适合采用保本型理财策略，不能再进行风险投资，即使投资也应以国债等收益较为固定的投资品种为主。资产较多的老年投资者，此时还可以采用合法节税手段，把财产低成本地传承给下一代。

大家来讨论

小煜是长沙市某中学初三学生，父亲是一家公司的老总，母亲是家庭主妇。小煜有个哥哥，刚刚大学毕业参加工作，但和家人住在一块，吃住费用由家庭承担，其他费用自理。据小煜所知，父亲今年五十多岁，每年有50万元的薪资收入，家里在市区内有一套三室两厅的房子，是在十多年前买的，现在用于出租，租金每月约3000元。前两年家里还在市郊购买了一幢别墅，现在一家人住着。小煜上学期间在学校住宿，周末回家，家里的日常生活开支每月大约为2万元，家里还有两台小车，一台供父亲工作使用，另一台供家用。

你认为小煜家应该如何制订理财规划呢？你对小煜哥哥有什么好的理财建议吗？

智慧锦囊

常将有日思无日，莫待无时想有时。

——《增广贤文》